为服务而设计(D4S)：

范式转换下的设计新维度

Design for Service

楚东晓 著

中国建筑工业出版社

图书在版编目（CIP）数据

为服务而设计（D4S）：范式转换下的设计新维度 /
楚东晓著 . —北京：中国建筑工业出版社，2023.2
　ISBN 978-7-112-28264-7

　Ⅰ . ①为… 　Ⅱ . ①楚… 　Ⅲ . ①设计学－研究 　Ⅳ .
① TB21

　中国版本图书馆 CIP 数据核字（2022）第 240687 号

责任编辑：刘文昕　吴　尘
责任校对：孙　莹
版式设计：杨　帆

为服务而设计（D4S）：范式转换下的设计新维度
楚东晓　著
*
中国建筑工业出版社出版、发行（北京海淀三里河路 9 号）
各地新华书店、建筑书店经销
北京建筑工业印刷厂制版
北京中科印刷有限公司印刷
*
开本：880 毫米×1230 毫米　1/32　印张：9¾　字数：209 千字
2022 年 11 月第一版　　2022 年 11 月第一次印刷
定价：**60. 00 元**
ISBN 978-7-112-28264-7
　（40284）

▌前言

　　今天，"设计"一词比任何时候都拥有更多样化的内涵，从工业设计早期关注有形物质产品的设计，到如今关注组织架构和社会问题的交互、服务、体验和社会设计。对设计的理解或定义，设计的对象、设计过程、设计方法和从事设计的技术手段等都变得日趋复杂。

　　从创造形式，到构建方法论来解决系统层面的"棘手"问题（wicked problems），再到关注事物（产品或服务）的内在意义，到倡导"设计是一个激进变化的过程"，再到设计本质上是为了构建一种关系。学者们尝试着从不同的角度对设计的内涵进行理解。然而，不同内涵之间都具有一个显著的共同点，那就是"服务"。

　　"服务"既是具体的设计对象，也是最终的设计目标。本质上，一切设计活动都是服务，而服务是需要被设计的，也是可以被设计的。为服务而设计（D4S：Design for Service）是新形势下设计转型的新范式、新宣言、新手段、新理想。然而，对服务设计的定义一直依赖于设计的对象，以及设计活动存在的语境。"技术"带来竞争的差异化，"设计"则形成或创造差异化，"服务"则是差异化的真正内涵。

设计思想家们一直声称"设计"是一种创新性的跨学科工具，自 20 世纪 80 年代美国学者萧斯塔克（Shostack）首次提出管理与营销层面的服务设计概念，打开"潘多拉魔盒"以来，服务设计很快作为一门学科发展起来，设计研究学者和设计师们不断努力用其设计研究、设计实践的成果，来满足和推动服务设计理论体系的构建，以及服务设计实践活动的不断完善与深化。

作为设计学前沿的研究方向，服务设计是一种以人为本的服务创新方法，不仅能以用户为中心关注服务界面和体验，还可以通过参与组织体系来支持组织变革，帮助组织转型，推动社会创新。服务设计在增加消费者个人幸福、组织效益和社会福祉方面的作用巨大，这使得服务设计的发展显得异常繁荣，因而也受到越来越多跨学科、跨领域学者的关注。

本书共 6 章。从介绍设计发展到目前所面临的困境开始，从产业设计的视角重新审视传统工业设计的大设计观是设计创新的新语境；在分析服务研究范式的基础上，对服务的定义、服务研究的格局、服务价值共创的模型以及服务研究的进展进行了解读；以综述的形式，详细介绍了常用的服务设计方法，如设计思维和服务蓝图等的研究现状和趋势；构建了感性价值创造、感性设计的三层次 PPR 模型；最后分析了设计学科的未来趋势，主张"技术驱动设计"和基于文化复兴的社会创新设计将是未来"为服务而设计"关注的焦点。

本书从服务产品视角对服务设计的研究是管中窥豹，所提观点仅是一家之言，难免有以偏概全之嫌。由于作者知识水平有限，书中如有错误及不妥之处，热忱欢迎专家、学者提出宝贵意见和建议，以进一步提升作者的学术研究水平。

2022 年 9 月于东湖之滨、珞珈山下

目录

第 1 章

设计的困境

1

第1章
设计的困境

21世纪的今天，人类对环境表现出前所未有的兴趣，许多国家将环境问题排在了关系未来发展最需优先解决议题的首位。[1]
随着人类社会在环境保护方面的意识不断增强，制造商、设计师也必须通过维持自然界的健康发展和负责任地使用自然资源，将环境质量纳入可持续产品的设计研发过程，最终实现并维持人类社会的长期福祉。另外，21世纪被称为"服务经济"的世纪，面对不断变化的市场竞争环境，对于服务企业而言，成本、质量和技术领导力已不足以构成企业领先的关键优势，而创造差异化的附加价值则被视为让产品更具吸引力、为消费者提供更好服务体验的一个关键因素。在此背景下，不论从自然环境保护的角度出发，还是从社会进步的角度考虑，为产品创造高附加值都迫在眉睫，这也毫无疑问是促进产品可持续性发展的一条有效途径。

1.1 环境生态的压力

过去的数十年里，地球生态环境已快速走向恶化。诸如全球气候变暖 [2]、垃圾处理 [3] 等问题向我们昭示着这样一个最坏的事实：地球（自然界）这个我们人类赖以生存的环境正不断遭到人类活动的毁灭性破坏和威胁。截至 2000 年，据估计，从过去 1000 年到过去 140 年之间，地表温度上升了 0.6（±0.2）摄氏度。尤其是在大多数工业化发达国家所处的北半球，整个 20 世纪气候变暖的速度和持续的时间远远超过之前 9 个世纪中的任何一个世纪。由图 1.1 可以看出，20 世纪的最后 10 年可能是 2000 年来，世界人类历史上最暖和的十年。研究发现，人类活动所排放出的大量温室气体和悬浮颗粒物被视为改变大气层的罪魁祸首，这直接导致全球气候的不断变暖和反常变化。一方面，近年来臭氧层空洞、土壤酸化、水污染、空气污染，以及物种减少等各类灾害接连发生。另一方面，气候变暖引起冰川消融，导致海平面持续不断上升，分布在全球不同地域的相当一部分少数民族面临着生活家园被海水淹没的真实风险。

如此巨大的环境灾难迫使我们人类开始反思自己：我们究竟是怎样对待我们所居住的环境的？我们又能够采取什么样的行动，才可以用最少的环境负担来创造一个可持续发展的社会？换句话说，如何营造一个环境友好型社会？

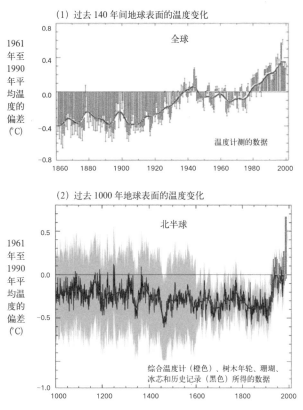

(1) 过去 140 年间地球表面的温度变化

1961年至1990年平均温度的偏差（℃）

全球

温度计测的数据

(2) 过去 1000 年地球表面的温度变化

1961年至1990年平均温度的偏差（℃）

北半球

综合温度计（橙色）、树木年轮、珊瑚、冰芯和历史记录（黑色）所得的数据

图 1.1　以 2000 年为参考，过去的 140 年以及过去 1000 年间的地表温度变动情况 [2]

备注：在图 1.1 中，（1）中的地球表面温度按年显示（橙色条），大约每十年一个阶段（黑线是过滤后的年度曲线，过滤掉时间尺度上不足十年的波动）。由于数据差异、测量仪器产生的随机误差和不确定性，海洋表面温度数据偏差校正的不确定性以及陆地城市化带来的不确定性，所得的年度数据存在不确定（细黑线条代表 95% 的置信区间）。以 2000 年为参考，对过去 140 年和 100 年两个时间点的最好估计可知，全球平均地表温度增加了 0.6℃，误差为 ±0.2℃。此外，（2）中，根据温度计测得的数据经过校准后所得的替代性指标，重建了过去一千年中北半球平均地表温度逐年变化（灰色曲线）和 50 年平均变化（黑色曲线）的演变图。灰色区域表示年度数据的 95% 置信区间。由于使用相对稀疏的替代性数据，在更长的时间里增加了这些不确定性，并且总是比仪器记录的大得多。然而，20 世纪变暖的速度和持续时间比之前九个世纪中的任何一个都要大得多。同样地，20 世纪 90 年代很可能是过去千年中最热的十年，而 1998 年可能是千年中最热的一年。

一方面，生活中，除了大规模生产、大量消费、大量废弃物处理等因人类制造、生产和消费活动而对我们的生存环境造成的严重影响之外，日常生活中用来改善生活质量、成千上万产品中的每一件产品，都存在着相应的环境影响。随着科技进步和社会发展，新材料和新技术不断涌现并被广泛应用于制造行业和日常生活当中，大量丰富多样的工业制成品如洪水般充斥着我们的周围。从制造商角度而言，这些工业制成品实现了大规模制造，降低了成本，为企业带来了短期利润，进而刺激了大规模消费。然而，这些工业制成品大多数寿命短暂，注定走上一条从零售货架到垃圾填埋场的不归路，这是工业制成品的宿命。

在这样的社会背景下，我们不仅应该重新审视伴随经济发展和社会变革而来的人们生活方式的变化，而且应该重新思考产品设计。对产品设计而言，设计制造可持续产品虽是一个巨大的挑战，却至关重要，必须考虑产品的全生命周期，并从更加可持续的生产、消费模式入手来减少产品对环境的负面影响。为此，设计师需要有所作为，扮演更加积极的角色来避免或减少产品对环境的不利影响，而不是像现在这样仅仅只停留在决策层的边缘，只受政治和商业势力的突发奇想所左右。

1.2 产品的不可持续性

2020 年 9 月国家主席习近平提出"碳达峰·碳中和"的国家

发展目标，双碳目标为我国可持续发展提出了远景规划，即力争 2030 年前实现碳达峰、2060 年前实现碳中和，"3060"碳目标是党中央经过深思熟虑后作出的重大战略决策，是着力解决资源环境约束突出问题、实现中华民族永续发展的必然选择，是构建人类命运共同体的庄严承诺。[4] 在此背景下，考虑到构建一个更加可持续型社会的不断增长的环境压力，有必要重新审视当前的产品设计和制造模式。我们必须以质的满足、而不是量的充足作为发展的目标，以及将经济的增长脱离传统的依靠材料和能源消费的发展模式。因此，需要发展一种新的设计范式和消费模式：从传统的以"大量制造→大量消费→大量废弃"为主导，转向以"个性化定制→按需生产→按需消费"的以服务为导向的后工业化、个性化量产的模式，这一模式追求产品质量的差异化，以及考虑产品生命周期的基于服务的产品价值创造。

英国学者乔纳森·查普曼 [5]（Jonathan Chapman）认为，为构建可持续社会而进行的设计创新目前所面临的核心困境是"消费主义"，消费主义是驱动资本主义社会繁荣发展的原动力，设计师以有形的产品作为设计开发的对象，关注产品的功能、性能、品质、价格等市场上的商业表现，专注于优化、提升产品的使用。整个社会通过各种媒体广告不断刺激、激发人们的购买欲望；科技的不断推陈出新导致产品更新换代加速，许多功能良好的产品以加速度的方式被淘汰，由此导致了对于资源无节制、不合理地滥用，产品的物理生命周期被大幅缩短，其废弃引发了环境压力、地球的生态破坏以及各种各样的社会问题，此即为消费型工业社会不可克服的必然宿命。而人类无止境的消费欲望是直接导致消费主义长久不衰的根本原因，此即为可持续设计所必须面对的问题的根源。

然而欲望是人之本性，从根本上遏制或消除人的欲望几无可能，但通过产品创新和服务设计创造新的生活方式，引导或节制人类的消费欲望，形成健康、合理、可持续的新型生活模式却是可能的。近年来，可持续设计一改前期仅从制造和技术层面检视产品设计生命周期中，尤其是后期使用上在能耗和产品寿命方面的可持续设计问题，开始从人的角度关注人与产品之间的情感维系问题。这一新的以服务为主导的逻辑范式，改变传统的、视产品为设计对象的观念，代之以将产品视为消费者情感表达的工具，设计创新更多关注消费者通过产品使用所带来的体验、个性和品位。产品从"对象"向"载体"的角色转变，从"功能使用"向"情感表达"的功能转换，深刻地体现了工业社会向后工业社会转型过程中设计创新的演化特征。这也正是以"互联网+"、新能源为特征的 21 世纪后工业社会的典型特征。

在设计带给人更多美观、好用的批量生产的产品，以及丰富、充裕的物质生活的同时，大量尚能使用的产品被消费者废弃不用是产品设计亟须解决的重要难题，这也是工业设计转型所面临的困境和挑战。

1.3　感性价值创造

功能尚好的产品被消费者废弃不用所引发的资源浪费、环境污染问题是当前产品可持续设计研究的新热点。价值衰减是造成这种现象的最根本原因。[6] 产品价值衰减分为两大类：一是性能、品质劣化引起的物质价值减少；二是与产品过时、丧失吸引力相关的精神价值缺失，精神价值的核心是感性价值[7]，当产品或服务能吸引并唤起消费者情感上的共鸣时，即实现了感性价值。时间是造成价值衰减的重要因素[8]，物质价值随时间衰减是工业产品的宿命[9]，业已证明基于 3R［再使用、再减少、再循环（reuse、reduce、recycle）］理论的绿色设计与制造，良好的售后服务等方法对处理因材料、工艺、性能劣化导致的产品物质价值减少问题十分有效，这被称为"价值衰减型设计"。

然而，随着科技的飞速发展和人民生活水平的提高，出现了一种新的现象：一方面产品更新换代加速，同质化现象日趋严重；另一方面人们追求个性化、多样化，要求产品能够满足消费者个人偏好、品位、身份地位等精神需求的呼声日渐高涨，这更加重了功能尚好的产品未尽其用即被随意淘汰或更换的现象，这种现象在消费文化成熟、更加强调生活品质、个人品位和使用体验的发达国家尤为普遍，这要求产品不仅能用、易用，还应让消费者乐用，对产品形成信赖和使用忠诚度，即创造产品附加值，实现产品价值的增长，这被称为"价值成长型设计"（图 1.2）。

价值衰减型设计注重产品物质功能的开发，而价值成长型设计则重视用户对产品精神体验的设计。

近年来，众多知名企业，通过创新设计为产品创造感性价值，总能让那些追求独特个性和品位的消费者对产品保持狂热和喜爱，如苹果、大众甲壳虫、Mini Cooper等产品，只要性能体验尚好，不论经历多少次技术迭代，产品都能始终被消费者珍视使用，即便老款过时也不会被丢弃，甚至随时间推移这些产品也能够像红酒、古董那样出现价值增长的现象，如各种价值连城的老爷车等。因此，对企业而言，为产品创造感性价值不但可以创造高附加值，实现产品价值的增长，也可以抵消产品因过时而被消费者废弃的压力，减少资源浪费和环境污染，有助于实现制造业的快速转型和升级。这一矛盾特别尖锐地体现在诸如快速消费类电子产品、奢侈品等日常生活用品中，尤其是那些缺乏品牌知名度和忠诚度的技术主导型初创企业。

感性价值创造被公认为是实现产品高附加值和品牌差异化的关键。感性价值是一种精神层面的美学价值，因感性具有主观性、模糊、不易捕捉，易随时间变化的特点，所以了解感性的内涵、机理，以及感性价值随时间变化的生成机制十分必要。人们从不会对自己所养的宠物感到过时，所以设计师设计的产品要像宠物一样能够让消费者产生存在感和参与感（图1.3）。这样产品与消费者之间就能够形成一种依恋和信赖感，消费者就会很好

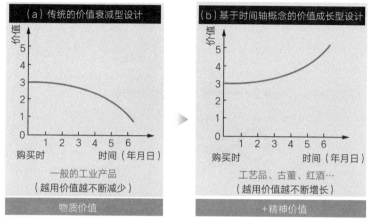

图 1.2 由传统的"价值衰减型"向"价值成长型"转变的产品设计

图 1.3 产品应像宠物那样带给消费者存在感和参与感

的珍惜所拥有的产品，不会恣意地丢弃或淘汰换新，而是珍惜使用，直至产品物尽其用。这是实现产品可持续设计的行之有效的方法。

日本研究机构从生产和生活角度，提出了产品的生态技术（Eco-Technology）和生态思维（Eco-Mind）生命周期模型。[10]（图 1.4）该模型指出了在消费者一侧产品生命周期的重要性，为感性价值创造研究提供了有益的框架。生命周期是产品在时间维度上的一种概念表达。目前产品设计中的生命周期研究主要集中

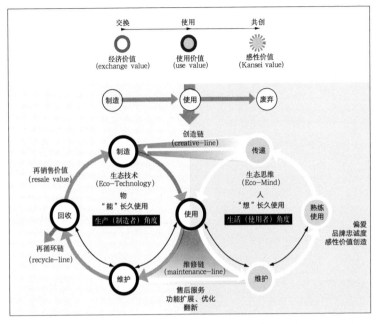

图 1.4　产品的生态技术（Eco-Technology）和生态思维（Eco-Mind）
生命周期模型

在生态技术（Eco-Technology）周期中产品从需求分析、设计制造、市场流通使用、售后维护、回收处理[9]等阶段产品可持续设计的信息、资源、管理[11]技术的整合方法、策略和环境评价[12]。学者[13]构建了产品开发全过程中用户需求和产品质量特征映射的理论模型；研究了数控机床轴承全生命周期数据集成管理系统模型[14]；以牵引电机为例提出基于 BP 神经网络的产品全生命周期设计方案评价敏感性分析方法。[15]也有学者从营销管理的角度研究产品投放市场后，［导入期→成长期→成熟期→衰退期→

死亡期〕生命周期的演化过程中，可持续产品生命周期决策支持系统模型的构建方法。[16]然而，现有的产品生命周期研究也存在一些问题。这些方法仅仅考虑技术生命周期阶段维持产品物质价值问题，并未涉及用户角度生命周期的精神价值创造问题。

在 2018 年的"两会"上，全国人大代表、小米科技董事长兼 CEO 雷军提交了一份《关于大力发展中国设计产业、全面提升中国设计水平》的提案，得到了设计界的支持和点赞。雷军认为："全面提升中国制造的品质，其前提是努力打造具有世界级声誉的中国品牌，而知识、创意密度极高的设计力则是全球领先品牌的共性。"我国十三五发展规划纲要中也提及："要以产业升级和提升效率为导向，发展工业设计产业"。改革开放 40 年来，中国制造惠及全球消费者，并成为中国经济的核心助推力量，中国已成为世界制造大国，但不是世界制造强国。党的十九大报告提出要加快建设制造强国，加快发展先进制造业。做大做强制造业，不仅需要提高制造业的自主创新能力，还需要以创新设计引领制造业升级，以满足人民群众日益增长的对美好物质文化生活的需要。[17]

放眼全球，世界各国都在积极通过创新来获得发展的新动力，以促进产业的转型与升级。目前中国设计业整体水平距离世界设计业先进国家还有一定差距。而在不断加大技术创新引领的物质价值创造的基础上，通过为工业产品创造感性价值，满足广大消费者的个性化需求，打造消费者对企业产品以及企业品牌的忠诚度，既能够实现产品与环境的可持续，又能够促进企业的快速、特色、创新发展。

1.4　服务驱动的设计创新

当人口与资源"要素红利"越来越式微，靠低成本劳动力和高耗能为代价的粗放式增长难以为继，特别是国际金融危机爆发之后，企业加速从"要素驱动"转向"创新驱动"，以协同创新引领产业转型升级。[18] 近年来，我国消费持续快速增长，成为继续保持经济增长的第一驱动力。2017 年全国商务工作会议提出，2018 年中国要着力推动消费升级。《国际商报》发表商务部市场运行司司长陈国凯的观点指出 [19]，党的十九大报告明确提出了当前人民群众在消费领域的需求呈现出的新变化：消费层次从注重量的满足向追求质的提升转变；消费内容从商品为主向服务、体验为主转变；消费方式从线上向线下融合转变；消费行为从模仿型、排浪式向个性化、多样化转变。[20]

由于残酷的竞争，现今的消费市场是"选择"驱动的市场——企业的目标消费者拥有太多的选择，并且所有这些选择可以即刻得到实现。不过，由于在众多的选项中进行选择总是基于隐性的或显性的差异性，因此，对于众多企业来讲，它们被期待创造差异化以给消费者选择它们的产品或服务的理由。汤姆·彼特

(Tom Peters) 说过："千万不要忘记你的产品或服务只有让消费者理解到差别才能创造出差异性。"因此,显然说来,创造差异性是任何企业必须自始至终进行的战略、战术决策中最重要的一个。

在企业进行差异化创造的众多工具当中,很少有比创造产品或服务的差异化更加有效的工具。消费者之所以被产品所吸引,是因为他们能从同类竞争产品中感受到出众的优势。对任何追求差异化竞争优势的企业而言,不论采用什么样的差异化策略,都必须通过更高的消费者满意度(对消费产品而言)、更低的成本和独特的功能(对工业制品而言)来增加附加值。

此外,产品拥有的差异化特征越多,其对价格和技术的敏感度越低,而价格和技术是其他能够快速提升企业价值、强化消费者满意度的重要因素。与此同时,技术的不断进步也使得产品的同质化现象越来越严重。因此,对于任何渴望并追求竞争优势的企业来讲,仅仅为消费者提供商品和制造产品是徒劳无益的,必须借助产品为目标消费者提供更好的服务和独特的使用体验。换句话说,当今时代,企业的竞争优势在于附加值的差异化,这种差异化聚焦于为产品创造更多的价值、强调提供更多的知识和服务而不是单纯的诸如成本、品质及技术领导力等物质方面的价值创造,这些物质价值的创造曾一度被当作企业获得制胜竞争优势的法宝。[21](图 1.5)现如今,企业创造附加值的差异化这一策略趋势不可避免。

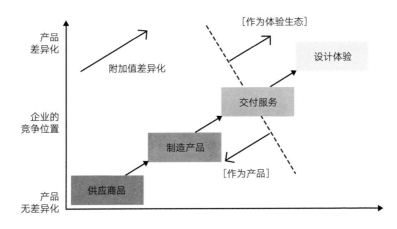

图 1.5　服务与体验：服务经济时代的产品设计和企业的
差异化竞争优势

　　另一方面，随着国家"大众创业，万众创新"战略的持续推
进，创新成了推动国家经济和产业转型与升级的重要工具。创新
是人类进步的源泉，是国家兴旺的核心动力。而设计力则是创新
不可缺少的构成部分。[22] 设计驱动创新代表着创新的未来，是
全球经济发展至今的必然选择，背后则是知识经济崛起的趋势。
基于社会分工基础之上的合作系统机制是现代工业社会的重要
标志。以小米公司为例，小米以整合的方式，从社会和人潜在的
需求角度看待产品、从生活系统看产品、从需要看产品，而不是
简单的物质需求满足。[22] 小米生态链系统整合产业链，以共享、
共赢的方式，专注自己特长的同时，带动整个产业经济和服务水
平的快速提升。

　　在国家战略转型、环境生态可持续发展、制造业转型升级以及人民群众生活水平由量向质、从物质向精神转变的消费升级的当今时代，设计所面临的既有前所未有的困境和挑战，也有潜在的无限机遇和可能，设计驱动创新成为实现国家创新型发展战略的重要选择。

参考文献

[1] Ryding, SO.Environmental Management Handbook: The Holistic Approach-from Problems to Strategies [M]. IOS Press，1998.

[2] PCC. Climate Change 2001: The Scientific Basis[M]. Cambridge: Cambridge University Press, 2001.

[3] OECD. OECD Environmental Outlook [M]. Paris: France, 2001.

[4] 中国生物多样性保护与绿色发展基金会. 碳达峰碳中和目标引领中国经济社会发展全面绿色转型（文字版），宏春观察，2022.

[5] 乔纳森·查普曼. 情感永续设计：产品，体验和移情作用［M］. 南京：东南大学出版社，2014.

[6] Chu, Dongxiao.Development of Service & Product Design Based on Product Life Cycle Viewpoint:Consideration of Design Methodology to Maintain and/or Improve Product Value [M]. Wuhan: Wuhan University Press, 2014.

[7] 楚東晓，小野健太，寺内文雄，渡辺誠，青木弘行. サービス·プロダクトデザインにおける価値共創について［J］. デザイン学研究，57（3）：87-96，2010.

[8] 松岡由幸. 日本デザイン学会第56回研究発表大会オーガナイズドセッション（D）：タイムアクシス·デザインの時代，名古屋，2009.

[9] 木村文彦，梅田靖他 著. インバス·マニュファクチャリングハンドブック：ポストリサイクルの循環型ものづくり［M］. 東京：丸善出版社，2004.

[10] Japan Industrial Promotion Organization. Coexistence of ecology and economy: eco-conscious evoking design: Two types of methods to keep/ or improve product value[R]. Ecology Design Research Society, 1994.

[11] 黄双喜，范玉顺. 产品生命周期管理研究综述［J］. 计算机集成制造系统，2004，10（1）：1-9.

[12] 杨建新. 产品生命周期评价方法及应用［M］. 北京：气象出版社，

2002.

[13] 王美清，唐晓青. 产品设计中的用户需求与产品质量特征映射方法研究［J］. 机械工程学报，2004，40（5）：136-140.

[14] 杨晓英，徐严东，隋新，马伟. 基于全生命周期的数控机床轴承数据模型研究［J］. 中国机械工程，2016，27（10）：1320-1326.

[15] 李静，李方义，周丽蓉. 基于 BP 神经网络的产品生命周期评价敏感性分析［J］. 计算机集成制造系统，2016，22（3）：666-671.

[16] Hu, Guiping & Bidanda, Bopaya. Modeling Sustainable Product Lifecycle Decision Support Systems[J]. Production Economics, 2009, 122:366-375.

[17] 雷军. 关于大力发展中国设计产业、全面提升中国设计水平的建议，2018 年"两会"提案. 澎湃新闻.

[18] 卫兴华. 创新驱动与转变发展方式［J］. 经济纵横，2013，7：1-4.

[19] 国际商报. 消费升级大势所趋，行动计划启动时. 来源：搜狐网，2018. https://www.sohu.com/a/215029525_100000002.

[20] 权威发布：十九大报告全文. 来源：新华网微信公众号，2017.

[21] Bullinger, HJ., Fahnrich, KP., Meiren, T. Service Engineering-methodical Development of New Service Products[J]. Int. J. Production Economics, 2003(85): 275-287.

[22] 柳冠中. 雷军两会提案引热议，iF CEO、柳冠中、王受之、童慧明等大咖发声. 2018 年"两会"，来源：搜狐网转自包装与设计公众号. https://www.sohu.com/a/225752081_231544.

第 2 章
设计创新的语境

第 2 章
设计创新的语境

全球化、人口变化和技术进步深刻改变着全球的经济结构，服务业成为世界经济发展新的引擎，在现代经济价值创造体系中占据着相对更大的比例，服务思维拓宽了传统工业设计的边界，经济发展模式也从传统的"商品主导型"向"服务主导型"转变[1]，基于服务的情感与体验成为工业设计新的关注热点。

有学者观点认为，中国制造业在这么多年的发展过程中比较倾向于做产品、渠道和销售，不是特别擅长做服务和品牌，但是今天在市场上出现的两个最大变化让企业开始不得不重视服务。第一个变化：消费者发生了改变，技术变革和社会进步导致消费者无论是购买行为还是生活方式都发生了深刻的变化。第二个变化：消费者不足，人口结构改变、老龄化、贫富差距等因素导致消费者不足，消费升级缺乏内生动力，现有任何企业都面临着产能过剩，产品供大于求的现实。这两个变化决定了企业在经营中一定要明白，现在重要的是服务。重视服务创新和品牌构筑将会为传统企业赢得先机，为服务而设计理应成为工业设计发展的新方向而得到更多的重视。

在设计产业界，工业设计被视为制造业的"第二核心技术"，普遍认为工业设计每投入 1 美元，可带来 1500 倍的收益。日本著名工业设计师喜多俊之认为，"工业设计是制造业的终极竞争力。"在设计学术圈，在产业发展模式由商品主导型逻辑转向服务主导型逻辑的范式背景下，有必要重新思考作为传统工业设计对象的"产品"的内涵，并将其纳入工业设计演变的历史语境中进行重新定位。

2.1 工业设计 or 产业设计？

人类从农耕社会转向工业社会之后，社会形态和结构发生了重大改变。彼得·马什（Peter Marsh）认为，从 1780 年到 20 世纪末，人类共经历了四次重大的工业革命：蒸汽机革命→运输革命→科学革命→计算机革命。[2]

第一次工业革命开始于 18 世纪末的英国，瓦特发明了蒸汽机，带动了纺织工业的机械化，传统数千个纺织作坊手工才能完成的任务交由一个纺织厂就可以来完成，从此诞生了工厂。工业革命之后先后经历过三个相似的时代，其中 1840—1890 年被称为"运输革命"时期，蒸汽机的发明推动了包括火车、铁壳或钢壳船的出现，人员和货物的运输时间大大缩短，物流成本急剧降低，直接带动了贸易和信息交流的快速发展；由于科技水平的提高，1860—1930 年，作为制造业重要工业原材料的廉价钢材的出现，极大地影响着产品的制造和生产方式；第二次世界大战以后，嵌入式硅电路价格大幅下降，计算机和通信技术得到了快速发展（图 2.1）。

20 世纪初美国人亨利·福特（Henry Ford）发明了汽车工厂的流水装配线，引领人类进入了大规模生产的时代，人类开始进入第二次工业革命时期。第一、第二次工业革命提高了生产效率，使得人们更加富有，促进了整个社会的城市化发展进程。

2015 年 10 月 14 日，李克强总理在国务院常务会议上发表讲话时指出，未来"互联网＋双创＋中国制造 2025"的融合创新模式，将催生一场新的工业革命，中国"新工业革命"的序曲由此正式吹响。新工业革命时期的主要特点，是小众需求、定制化生产、万物互联。对制造业而言，人们越来越意识到，生产制造环节仅仅是企业"价值链"的一部分，包括设计与开发、产品运作方式和商业模式，以及技术变革带来的消费者生活方式和工作方式在内的深刻社会变革，都将成为影响企业生产和发展的重要因素。

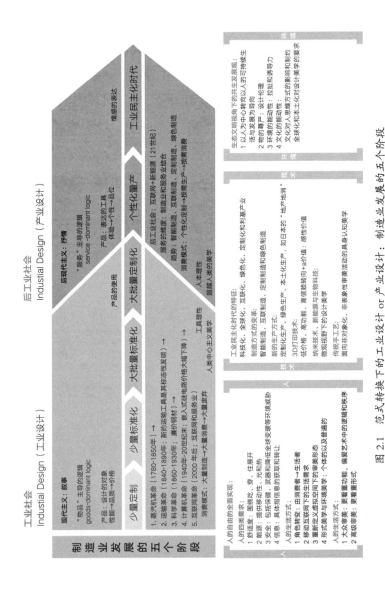

图 2.1 范式转换下的工业设计 or 产业设计：制造业发展的五个阶段

2.1.1　制造业发展的五个阶段

进入后工业社会，企业所生产制造的产品已经不再单纯是工业设计的主要设计对象，而是成了消费者个人情感和体验的表达工具。对消费者而言，产品只是传达产品功能的一种工具和手段，产品本身并非设计师的设计目标。对制造业企业而言，企业工作的重心和注意力应该从关注消费者如何购买、如何刺激消费者消费，转移到服务购买和按体验效果付费之上。对设计研究者而言，设计研究的重心也从关注产品自身的"性能→品质→价格"转向强调消费者通过产品使用而渴望获得的"体验→个性→品位"、从"产品的使用"转向"情感的表达"的这一新型设计逻辑范式上来。制造业企业由生产型制造向服务型制造转型成为新的趋势（图 2.1）。

从工业社会到后工业社会，制造业经历了从"少量定制→少量标准化→大批量标准化→大批量定制化→个性化量产"的五个发展阶段。而个性化量产是后工业社会、工业民主化时代制造业的新形态。

从设计美学的视角来看，制造业的发展需要考虑人、技术和环境三个方面。人是制造业最终服务的对象，人的自由的全面实现是制造业发展的终极目标，主要体现为：（1）人在生存、生活中的舒适度、能源、安全、信息等四个方面的需求；（2）新形式下人从"消费者"向"生活者"的角色转变，新技术环境下人的生活需求、审美形态、生活方式等的变化，以及大众审美、高级审美等不同审美方式的差异与需求。

技术层面，3D 打印、人工智能、物联网、互联网等技术决定着制造业制造方式的深刻变革，智能制造、互联制造、定制制造全新定义了制造的新形态、生产的新方式。纳米技术让制造的产出形式（人造物）可以不受结构的限制，解放了产品的形态，形成了独特的微观视野下的设计美学。

环境层面，制造业还要考虑产出的最终效果，即环境效应和效益；考虑人与自然、人与社会、人与科技的和谐、共生关系；考虑生态文明等环境的可持续发展。这都是工业民主化时代的制造业转型不可忽视的重要课题，也是后工业社会制造业发展和产业设计应有的系统观、共生观。这是从工具理性转向人本理性、超越人类中心主义的美学观。

2016 年工信部发布《发展服务型制造专项行动指南》，这一年被称为中国"制造业服务化"的政策元年和创新元年，中国开始进入了重组工业服务逻辑的新时代。制造业与互联网正加速深度融合，生产者和消费者的链接关系被重构，商业关系由供应方式向网状生态共创体系改变。[3]

2.1.2　制造业的转型：从"自造"到"精造"

从工业社会向后工业社会过渡的过程中，中国的制造业发展经历着四个阶段，出现了四个变化。具体而言，从 20 世纪 80 年代开始，40 年来，我国坚持以经济建设为中心，推进改革开放，从早期的"三来一补"到如今的"供给侧结构性改革"，我国经济已从高速增长向高质量发展的阶段转型。在这个发展过程中，制造业发展呈现出四个明显的阶段性特征。

1. 自造阶段

改革开放之初，中国经济发展突出表现为"三来一补"的模式，即来料加工、来样加工、来件装配、补偿贸易。该时期中国制造业主要从事简单的加工贸易来发展经济。到了 1985 年左右，中国建成了门类齐全的工业制造体系。随着中国经济的逐渐发展，经历过 1998 年亚洲金融危机之后，中国开始全面承接全球的低端制造业，尤其是随着中国加入 WTO，中国为西方国家代工制造各类产品，成为"世界工厂"，自此中国制造业完成了从无到有、门类齐全、跨越式发展的"三部曲"，该阶段属于中国制造业发展之初的自力更生、自主制造阶段，即"自造"阶段。

自造阶段的中国制造业，其发展依靠外延扩张，经济以资源的严重消耗为代价，靠规模求效益、求发展，属于粗放型增长方式。该时期制造业是典型的代工（OEM：Original Equipment

Manufacture）模式。然而，随着生产成本上升、跨国公司订单转向低成本国家或地区，基于贸工技、代工和模仿起步的中国制造业面临着缺乏自主品牌和核心竞争力的转型压力。

2．创造阶段

随着时代的进步，再加上老百姓对假冒伪劣仿制品的厌恶、对有口碑的高品质品牌产品的信赖和渴望，相比 OEM 模式，中国制造业企业开始意识到通过设计创新为产品增加附加值、创造品牌的重要性。拒绝山寨、创新品牌，独立进行原创设计的 ODM（Original Design Manufacture）模式开始受到制造业企业的青睐。设计能够吸引、打动消费者的产品成为众多制造企业的追求，为产品创造感性价值成为"创造阶段"工业设计的主要特征。

3．智造阶段

近年来，随着移动互联网、人工智能、物联网等技术的快速进步和商业化，传统的制造业融入互联网，开展智能制造，一切以方便消费者的生活为目标，成为制造业转型升级的重要内容。互联网时代是以用户为中心的时代，消费者逐渐掌握了话语权，并且能够深入地影响企业各环节的决策，以苹果、特斯拉为代表的新型企业，吸引用户越来越广泛地参与到产品研发到品牌建设的全过程中。构建基于互联网思维的企业商业模式、组织结构和企业文化，对于制造业转型尤为重要。

4. 精造阶段

智能制造进一步发展的阶段是精益制造，又名精益生产，简称"精益"或者"精造"，是衍生自丰田生产方式的一种管理哲学。这是一种杜绝浪费和无间断作业流程的生产方式。精益制造有两大特征：准时生产和全员积极参与改善，这两大特征保证了企业能够"以越来越少的投入获取越来越多的产出"。精益制造是一种柔性制造，其发展的总趋势是生产线越来越短，设备投资越来越少，中间库存越来越少，生产周期越来越短，成本越来越低，效率越来越高。

在"自造→创造→智造→精造"的制造业四个发展过程中，目前中国的制造业主要集中在"创造阶段"向"智造阶段"发展的关键时期（图 2.2）。而"精造"是制造业发展的高级形态，是中国制造业从中低端向高端迈进的未来方向。"中共十八大"提出了"新四化"，其中就有新型工业化。这要求制造业逐步实现"从投资驱动变成创新驱动、从扩大销售额转到提高产品质量、从卖产品到卖服务"的转变，最终在全球高端制造业领域占有一席之地。

在转型升级的发展过程中，中国制造业出现了以下四个明显的变化：

（1）由创新设计服务引领中国制造业的转型与升级；

（2）由消费者主导的个性化服务体验提升企业的品牌与价值；

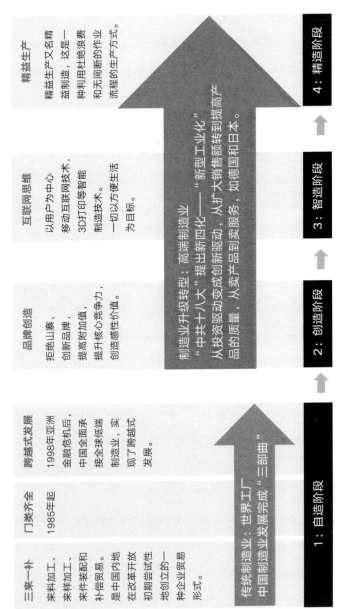

图 2.2　中国制造业经历着"自造→创造→智造→精造"发展的四个阶段

（3）由产品销售（sale of product）转向能力交付（sale of use）的企业管理与经营理念的转变；[4]

（4）由单一产品盈利转向提供包括产品、消费者、利益相关者、环境共赢的系统化解决方案。

相应地，消费者也从"大量制造→大量消费→大量废弃"的消费模式转向"个性化定制→按需生产→按需消费"的消费升级。消费者更加关注对于产品功能的使用而非产权的拥有，共享经济促使分享产品的使用能力正在成为制造业越来越广泛的核心能力和发展趋势。

2.1.3　从"工业设计"到"产业设计"

在数字制造时代，对制造业而言，正如通用电气公司（GE）的杰夫·伊梅尔特（Jeff Immelt）所预言，"昨天还是工业公司，一觉醒来已经摇身一变成为软件公司和分析公司"的快速"变形"时代已经来临，这是未来谁也躲不开的制造业革命。在这样的背景下，设计的领域和边界也在不断拓展，工业设计的内涵不断扩大，从单纯制造业领域的制造和生产转向全产业链的设计与创新。对于设计研究者而言，从英文源头重新审视"Industrial Design"，其中文翻译"工业设计"和"产业设计"，究竟哪一个更能反映"Industrial Design"的本质内涵，更能准确描述中国现有包括制造业在内的产业振兴与发展的讨论已迫在眉睫。

英文"Industrial Design"一词最初引入国内时被翻译成"工业设计"并沿用至今，"industrial"作为"工业的"的理解已经被广泛接受，"工业设计"的称呼流行了半个多世纪，工业设计也理所当然地被认为是工业制造领域的事情。[5]习惯的力量是强大的，这种惯性思维导致人们对设计产生了极大的偏见和误解；而"industry"一词所具有的"产业的"内涵则被长期忽略。随着技术进步和时代发展，仅局限于工业领域之内的传统"工业设计"观念下的思维方式及其对设计问题的理解和问题的解决模式日益暴露出局限性，已严重阻碍了包括制造业在内的产业的发展，并导致了一系列环境、经济、社会和人类发展等方面的问题。

正如柳冠中教授所言，"以提高效率、促进经济发展、满足需求为目的，而自发产生的一种以横向的思维逻辑指导、用系统整合的方法、体现在创意、计划、流程、效果的统一上的工作方式，才应是'Industrial Design'的目的、本质。"[6]我们用"产业设计"重新界定"Industrial Design"，将"Industrial Design"翻译成"产业设计"或许能更好地反映当今"Industrial Design"的真正内涵和时代需求。

思维观念的改变所释放的能量是巨大的，近邻的日本产业设计振兴会（JIDPO：Japan Industrial Design Promotion Organization）和韩国设计振兴院（KIDP：Korea Institutes of

Design Promotion）对"Industrial Design"的理解和定位给
我们一个有益的启示。有必要从"产业设计"的视角重新审视
"Industrial Design"文脉下产品内涵的演化与发展。

2.2　设计的范式转移

　　人类大多数时间都是在不具备完全信息，甚至数据非常稀缺
的时候，建立起对自己、对社会乃至对世界的认知系统的。[7]与
科学事实相比，认知系统是指导我们行动的真正指南。认知系统
包括看待事物的视角，一旦我们看待世界的视角发生改变，我们
就会产生不同的行动，进而带来不同的结论。著名的科学哲学
家，托马斯·塞缪尔·库恩（Thomas Samuel Kuhn）将这种
视角的转换称为范式转移（paradigm shift），他在《科学革命
的结构》一书中详细解释了视角变化对科学发展的重要意义，科
学革命的真正成功实质上是人类看世界的视角与时俱进地发生了
转换。

　　所谓范式，指的就是人类的认知模式；它是一种固定的结
构、制度和模式。[8]一个社会一旦形成稳定、固化的生产力、生
产关系、产业关系和科技关系之后，范式就形成了，范式并非
一成不变的，随着社会进步和科技发展，旧范式会被新范式取
代。范式转移就是认知模式的改变。从工业革命至今，人类社会
就经历了蒸汽时代、电力时代、信息时代、数字智能时代四种范

式。[9] 比如电力时代是基于大工业生产和大众市场的产业范式，信息时代是以信息化技术和体验经济为特征的产业范式，而数字智能时代则是基于物联网和分享经济的产业范式。这些范式的转移见证着人类社会从工业经济向体验经济、知识经济，以及服务经济的转型和发展历程。

设计范式决定着我们看待设计研究对象的方式和视角，包括我们是如何看待设计对象的，把设计对象看待成什么；在设计对象中看到了什么、应该忽视什么；设计师和设计对象之间的关系是什么。[10] 设计范式一旦转移，能够产生无穷的威力，不但能够打破旧有的束缚想象力的各种约束和限制，而且能够为设计研究者和设计从业者在思想和行动上开创新的可能性，帮助设计师培养新的思维模式，扩展认知的边界。

在传统的工业化时代，社会以大批量制造、大规模消费为导向，设计的对象是各种产品和技术，设计活动的目的是"卖东西（sell stuff）"，而用户需求的特征则变成了拥有各种产品所带来的名望和地位（prestige）。与此相对，在服务经济时代，社会是循环导向型社会，设计的对象是寻求特定问题的解决方案，即寻求服务的共同创造，设计活动的目标是建立与服务相关的各种能动性资源（operant resources）之间的相互"关系"，而用户的需求则变成了用户在使用诸如材料、产品等对象性资源（operand resources）的过程中所获得的快乐与体验。[11] 这两类不同的特

"商品主导型逻辑"和"服务主导型逻辑"设计范式之间的差异比较[11]

表 2.1

	商品主导型逻辑 （Goods Dominant Logic）	服务主导型逻辑 （Service Dominant Logic）
社会类型 （types of society）	消费导向型社会 （consumption oriented society）	循环导向型社会 （circulation oriented society）
设计对象 （objects of design）	产品和技术 （product and technology）	解决方案（共创服务） （solutions co-creating services）
设计活动的目标 （goal of design activities）	售卖东西 （selling stuff）	构建关系 （building relationships）
用户需求的特征 （characteristic of user needs）	拥有的名望和地位 （prestige of owing）	使用的快乐 （pleasure of using）

征为我们勾勒出了社会形态从"产品为中心"向"服务为中心"的设计范式的过渡转型（表 2.1）。基于这种理解，瓦格（Vargo）从市场营销学的角度将这两种不同的社会形态分别界定为商品主导型逻辑（GDL：Goods Dominant Logic）和服务主导型逻辑（SDL：Service Dominant Logic）。[12]

　　需要指出的是，"服务主导型逻辑"是一种精神状态，是对组织、市场和社会的意图、本质的统一理解。"服务主导型逻辑"强调以"服务交换"为基础，即为某一团体利益而进行的各种能力（知识和技能）的应用。[13] 换句话说，服务主导型逻辑强调：服务是用来交换的服务，所有的公司都是服务型公司，所有的市场都是专注于服务交换的市场，所有的经济和社会都是基于服务的。因此，营销理念和实践应该建立在服务逻辑基础之上。沿着服务主导型逻辑的概念，与过去几十年服务营销子学科所追求的、力求摆脱商品营销这一模式不同，所有的营销都需要摆脱以商品和制造业为主的模式，也就是摆脱"商品主导型逻辑"。

服务主导型逻辑接受使用价值和共创价值（co-created value）的提法，而不是商品主导型逻辑所提倡的交换价值和嵌入式价值（embedded value）的概念。服务主导型逻辑不是提醒企业为消费者创造市场（market to customers），而是引导企业和消费者以及企业价值网络中其他进行价值创造的合伙人共同创造市场（market with customers）。服务主导型逻辑关注的焦点不是产品，而是与消费者共同创造价值的过程，将这个过程所创造的价值提供给消费者的同时被消费者所感知。与商品主导型逻辑不同，服务主导型逻辑营销的重点是价值创造（value creation），而不是价值分配（value distribution）。服务主导型逻辑的本质是服务的价值共创（VCC：value co-creation）。

在管理科学的文脉之下，作为对服务理论诠释最完整的"服务主导型逻辑"范式的出现所产生的影响，确确实实在服务设计领域的精细化方面得到了体现，尤其体现在服务设计和服务创新模式之间的关系及其所牵涉的诸多内容上。

2.3　产业设计三阶段：从"叙事"到"情感"

IIT 设计研究学会认为，讲故事是未来设计师需要具备的重要能力，讲故事的核心是"造义"，创造基于新场景，以及能与消费者形成紧密联系的独特故事成为设计创新的重点。从产品角度重新思考人类在历史文化发展长河中的真正需求是服务设计的首要任务。

回顾产业设计的发展历史，可以发现：产业设计，尤其是作为其核心的产品设计，其创新发展主要经历了三个历史阶段：形态设计阶段、以用户为中心的设计阶段，以及"造义"设计阶段（图 2.3）。

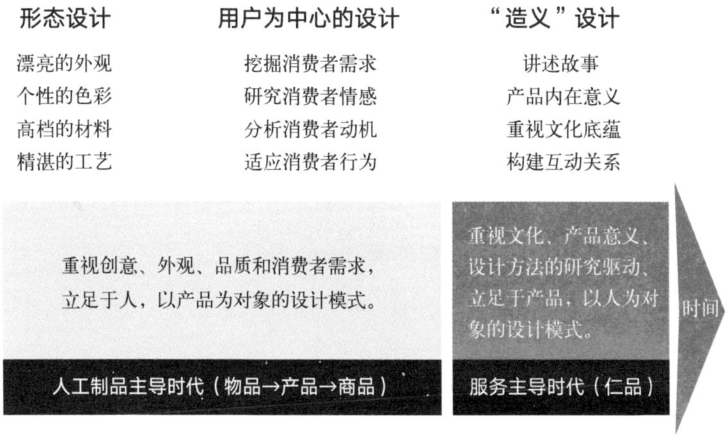

形态设计	用户为中心的设计	"造义"设计
漂亮的外观	挖掘消费者需求	讲述故事
个性的色彩	研究消费者情感	产品内在意义
高档的材料	分析消费者动机	重视文化底蕴
精湛的工艺	适应消费者行为	构建互动关系

重视创意、外观、品质和消费者需求，立足于人，以产品为对象的设计模式。

重视文化、产品意义、设计方法的研究驱动、立足于产品，以人为对象的设计模式。

时间

人工制品主导时代（物品→产品→商品）　　服务主导时代（仁品）

图 2.3　时代发展不同时期产业设计内涵演变的三个阶段

形态设计阶段

产品设计的主要对象是产品，设计师的核心任务是如何设计出具有漂亮外观和个性色彩的产品，设计师的主要设计手段是如何通过精湛的工艺对高档的材料进行处理，或者让产品所用的材料体现出高档的感觉，追求造物过程中的形式美、在形态款式方面不断推陈出新，是设计师为企业赢得竞争力的主要手段和主要任务。

用户为中心的设计阶段

随着社会的进步和人们审美品质的不断提高，设计师渐渐发现，在激烈的市场竞争中，仅仅实现外观好看的设计已经不能给产品带来有竞争力的优势，也不能为企业带来更多的差异化和利润。产品设计师需要更多地在如何挖掘消费者的需求、研究消费者的情感、分析消费者的动机，进而设计出能适应消费者行为的优良产品设计方面给予更多的关注。形态设计、用户为中心的设计两个阶段均重视产品的创意开发、外观的美化、品质的创造以及消费者需求的满足。在这两个阶段，设计的立足点均是作为产品消费者的人，设计的对象都是产品。产品设计师需要做的，是根据时代要求不断调整自身的角色和设计的重心：从关注"造物之美"的形态设计，转向挖掘用户需求和理解消费行为的"以人为中心的设计"。[5] 在这两个阶段，作为设计对象的产品，其角色经历了"物品→产品→商品"的文脉演变过程。

"造义"设计阶段

进入服务设计主导的逻辑范式时代，产业设计进入到了强调造义（meaning-making）的设计阶段。一般认为，体验是主观的，设计师无法设计体验的所有细节和情感效应，个体用户体验以及从产品使用中发现的主观意义将伴随着用户的体验经历而产生，而且因人而异。学者都里什（Dourish）认为，"创造和表达产品意义的是作为终端用户的消费者，而不是设计师。"[14]为产品赋予意义，能为消费者带来幸福和快乐。"造义"阶段的设计强调通过产品向消费者讲述故事的重要性，关注产品内在含义的挖掘、传统文化的传承与弘扬，以及产品与消费者、使用环境、社会之间互动关系的构建。该阶段的设计重视文化、产品的内在意义以及相对应的设计方法的开发及应用研究。设计的立足点是具体的产品，设计师关注产品使用者的体验。造义阶段的设计范式是服务设计范式，强调以产品为载体，以人为服务对象的设计模式。作为该阶段对象性资源（operand resources）的产品本质上是一种"仁品"（图 2.3）。

形态设计阶段和以用户为中心的设计阶段都把如何更好地"造物"作为主要的设计与研究对象，以挖掘、满足消费者日常生活和生产需要作为主要任务。而"造义"设计阶段则将人作为主要设计与研究对象，以挖掘、重构产品的内涵和社会、文化属性为重心。从形态设计到以用户为中心的设计，再到"造义"设计的产业设计发展三个阶段，清晰地表明：随着时代变迁，作为人类高级认知能力体现的设计活动，正经历着从专注于产品功能研发的、工具性的"叙事"型内涵创新，向专注于服务体验的、情感般的"抒情"为特征的外延语境创新的转变；从"造物"到"造义"成为服务设计范式下服务产品设计发展的必然趋势。

2.4 设计创新语境中的服务设计

我们生活在加速变革的时代，创新的力量超出了任何现有的智力、逻辑和组织框架的边界。方兴未艾的制造业"工业 4.0 战略"的推进，对产业的发展与振兴产生了干扰效应，其影响范围涉及从可制造的（manufacturable）到数字化的（digital）产品与服务，从工厂端的 B2B 到市场侧的 B2C 的商业模式。这都极大程度地改变着我们对传统工业设计的理解。一个不争的事实是：如今设计已经发展成为一个横跨包括建筑学、管理学、工学、产品开发和系统设计在内的多领域、综合性学科。面对设计学科发展的日益复杂，有必要从设计研究文脉的视角梳理相关学者对设计的理解。

学术界对于设计的思考和解读，既包括通用理论的构建也包括特定实践的考量。[15] 表 2.2 梳理了学者对设计的观点后可以看出，学者对设计的认识从早先的"创造形态"[16]，到构建针对设计所要解决的"棘手问题[17]"的"系统层面的方法和理论"[18][19][20]，再到关注事物（产品或服务）的内在意义 [21]，发展到"设计的本

设计研究文脉中学者对设计的理解　　　　表 2.2

学者	设计的本质	对设计的描述	设计研究关注重心的变化
亚历山大（Alexander, 1971）[16]	设计的最终目标是创造"形态"		形态（造型）↓ 方法（系统）↓ 意义（含义）↓ 关系
西蒙（Simon, 1969）[18]	设计是寻找问题解决方案的探索过程	设计师事先知道渴望的设计状态，问题在解决之前能够被分解成更小的单位	
舍恩（Schön, 1987）[16]	设计是一种反思性实践活动	设计师横跨不同的问题框架来解决设计问题	
布坎南（Buchanan, 1992）[17]	设计是一种能够解决棘手问题（wicked problems）的艺术	设计过程中没有单个的解决方案，设计的利益相关者共同界定问题的本质	
克里斯彭多夫（Krippendorff, 2006）[21]	设计是赋予事物一种意义	与关注功能的技术中心型设计不同，强调设计是以人为中心的活动	
蓬佐与思罗普（Pandza and Thorpe, 2010）[20]	设计可划分为：确定性设计、路径依赖型设计和路径创造型（或激进型）工程设计三种类型	确定性设计中设计师发挥重要作用，决定设计的性质和行为；路径依赖型设计中，适应和重复特性决定着人造物的改进与否；路径创造型工程设计中，新奇性来自于个人和集体的创造性努力	
楚东晓（Dongxiao Chu, 2015）[11]	设计是构建一种关系	人是设计服务的核心，设计所创造的产品或服务与系统层面下环境、市场、终端消费者之间的关系是否和谐是评价设计优劣及服务好坏的关键	

43

质是构建一种关系[11]"的理解，从中我们可以看出设计关注的重点从产品外在的"形态"、到产品内在的"意义"，进而关注人与事物（产品或服务）及环境之间的"关系"，由具体到抽象、从外在到内涵、从产品到用户（人）的演变过程。人的因素开始成为设计实践和设计研究的核心，围绕人的价值实现的用户体验、社会创新等成为设计创新的新的增长点。

2007 年，日本将感性价值（Kansei value）创造上升为国策，与高功能（advanced function）、高信赖性（high credibility）和低价格（low price）并列，成为企业进行产品创新的第四价值轴。感性价值被认为是一种高附加值（+α 价值），是提升企业核心竞争力的有效工具。[22]

另一方面，学者露西·金贝尔（Lucy Kimbell）[15] 提出理解"设计"的两种方式：（1）设计是一种问题解决方案；（2）设计是一种适用于诸如产品、服务等不同人造物（有形的和无形的）的探索性过程，而产品和服务等人造物之间的差异是由工业制造产生的。

与学者对设计的两种理解方式相对应，对于"服务"的理解也分为两个层次：（1）基于 IHIP 模型的"服务"是区别于"产品"的另一种特殊形式的"人造物（artifact）"，强调服务与产品的差异性，IHIP 指服务的无形性（Intangibility）、不均质性（heterogeneity）、同时性（Inseparability）和易灭失性（Perishability）的四个主要特征；（2）在市场营销领域，"服务"被视为经济交换的基本单位。

第一种理解视"服务"为一种价值支持资源。第二种理解视"服务"为市场交换中价值创造的过程，这个过程中的价值创造又体现为三个特征：（1）作为服务提供者的企业与作为服务接收者的顾客通过交互行为（活动）共同创造价值；（2）顾客是价值创造的主体，企业的作用是创造和维护有益的顾客关系并进行服务管理；（3）企业作为价值支持资源方为顾客提供产品或服务，顾客消费（利用）这些产品或服务进行自我价值实现（self-service），企业仅在顾客需要时参与价值共创。

基于对"设计"和"服务"的理解，学者露西·金贝尔[15]提出了将服务设计进行概念化的方法（图2.4）。图中第2象限认为设计是一种面向问题而提供解决方案的行为活动，事先常采用系统化的程序与方法将问题细化，寻求问题域中的最优解，强调设计作为解决问题手段的科学性以及最终方案的确定性，属于工学的思维方法，此时的"服务"作为一种特殊的"产品"而成为解决问题的设计对象，常见的新产品开发、新服务的设计属于此类。

与第2象限相对应，第3象限认为设计是一种探索过程，在这一过程中，服务与产品都成为这一探索过程中的可能解，设计

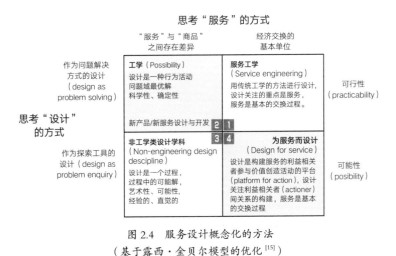

图 2.4　服务设计概念化的方法
（基于露西·金贝尔模型的优化 [15]）

师常采用经验的、直觉的方法用艺术化表达的方式探索各种解决方案的可能性，设计领域中如交互设计、室内设计、家具设计等的服务体验的设计与改善属于此类。第2、第3象限的"服务"是一种特殊类别的"人造物"，因其具有的 IHIP 属性，探索不同于产品设计的服务设计开发方法是设计师需要关注的重点课题。

第1象限中，受服务主导逻辑（SDL：Service Dominant Logic）范式的影响，"服务"被视为经济交换的基本单位，服务设计重点关注服务的设计支援系统、服务的模型化手法和评价方法等设计开发服务的各种方法论。[11] 与第1象限相对应，第4象限认为，在面向服务的设计创新过程中，设计师设计的目标，是为参与价值创造活动的服务的利益相关者构建一个互动平台，设计的重点在于服务的利益相关者之间的关系构建。人是设计服务的核心,设计所创造的产品或服务与系统层面下环境、市场、终端消费者之间的关系是否和谐是评价设计优劣及服务好坏的关键。

与第 3 象限类似,第 4 象限的设计重在探索面向服务的各种设计可能性,而第 1、第 2 象限则重在强调用于服务设计的具体方法的科学性和可行性研究。图 2.4 为我们理解服务、设计以及服务设计的内涵和属性构建了有益的框架,有助于我们在产业创新的宏观语境中进一步深入认识服务设计。

2.5　产业创新语境中的服务设计

在"产业设计"的框架内,我们重新理解服务设计在当今产业创新中的地位和角色。可以发现,设计目前主要涉及第二产业的制造业、第三产业的服务业和文化产业三大领域。

服务经济是一种共享经济,将"服务 +"的理念导入设计成为用设计驱动创新、加速服务业发展的重要途径。该层面的服务设计目前切入的领域主要包括公共服务、医疗健康、银行金融以及商业模式创新等方面(图 2.5)。作为产业设计的前沿领域,该层面设计主要视"服务"为具体的生产要素和设计对象,关注"服务"与"产品"的不同内涵和属性,注重更多借鉴传统产品设计、

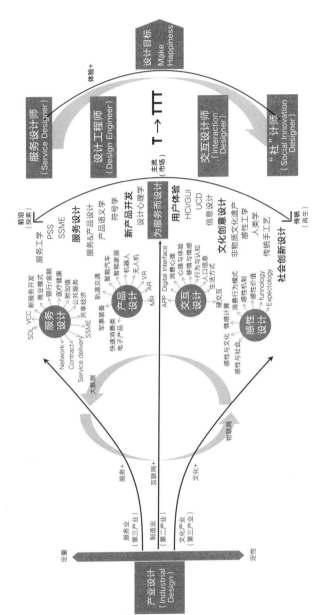

图 2.5 中国产业设计创新语境中的服务设计和 [12345] 的设计发展战略

交互设计领域的设计方法和理论来促进新服务的设计与开发，这是服务主导逻辑（SDL：Service Dominant Logic）范式下的服务设计，在教育层面主要培养服务设计师，目前主流的服务设计领域主要在这个思维层面从事新服务的设计创新与实践活动。

在制造业领域，一方面，随着"大众创业，万众创新"国家"双创"战略的推进，以及移动互联网等新兴信息技术的普及，"互联网＋"导入制造业，实现传统制造业升级转型正日趋成为产业设计新的增长极。在"中国制造 2025"战略发展规划中，发展服务型制造，重塑制造业价值链，被认为是增强产业竞争力、推动制造业从生产型向生产服务型升级转型、适应消费结构升级的重要举措。这一侧重去产能、转结构，改善供需矛盾，实现中国制造业由重产量的粗放型"中国制造"发展模式，向重质量的集约型"中国创造"的创新发展模式的成功转型是推进供给侧结构性改革成功的关键。作为传统产业设计核心的产品设计发挥着积极的角色，具备智能化、服务化、绿色化特征，以及智能家居、智能装备、无人机、家用服务机器人和以智能穿戴设备为代表的各种快速消费类电子产品的服务型开发是系统层面产品服务系统（PSS：Product Service System）设计的重点。

另一方面，移动互联网等信息技术的迅猛发展更多地促进了以用户体验、情感认知等强调人的感性价值创造的用户研究成为设计的重要工具，APP 的数字界面设计、新的生活方式设计、用户研究等成为"互联网＋"时代交互设计的重要表征。"BAT"等大型互联网公司借助移动互联网所提供的服务不断改善着人类的生活品质，改变着人们的生活方式。交互设计的另一个特征是在数字界面领域的软交互方面不断发展的同时，向注重硬件产品开发的硬交互方向拓展。

"互联网＋"背景下的产品设计（manufacturable）和交互设计（digital）是顾客主导逻辑（CDL：Customer Dominant Logic）主导的设计模式，强调"以用户为中心（UCD：User-Centered Design）"的设计方法，"顾客的真正需求"是企业为顾客提供高质量产品或服务时应该关注的核心。

2014年，国务院发布《关于推进文化创意和设计服务与相关产业融合发展的若干意见》，明确提出，文化创意与设计服务既要为装备业、轻工业、信息业服务，还要为旅游业、农业，甚至体育产业服务。这预示着大文化产业必将进入创意产业、创意经济即文化经济发展的新阶段。在这样的时代背景下，以"文化＋"的理念推动文化产业的发展乃至崛起是设计驱动创新战略的重要组成部分。

一方面，中国从来不缺乏文化资源，博大精深的中华经典，精美绝伦的中国手艺，神话般的中国故事，多民族的文化传承，树大根深的文化体量，都是举世不二的文化资源优势，如"国

画 + 瓷器""粉黛 + 丝绸""泥人张 + 雕塑""舌尖上的中国 + 餐饮""中国工艺 + 装备百货"等凝结千百年来中华文明智慧、文化精髓的一项项传统手工艺、非物质文化遗产等[23]，通过设计创新，一方面可以促进地方经济的发展、实现地域振兴，另一方面可以复兴传统文化、实现中华民族的伟大复兴。

"文化 +"导入设计是实现传统文化再生（redesign）以及社会创新的重要手段。"文化 + 产业"可以使产业孕育出新概念。例如，日本的汽车工业早已摒弃了"交通工具"的单一理念，而是大量注入流线型感官设计、舒适度人文关怀和微空间通信、办公、娱乐等多重功能，通过导入文化为消费者创造感性价值，文化汽车成为日本汽车工业的杀手锏，"文化 +"让产品极富竞争力。日本提出"一村一品"设计策略，通过挖掘地域文化、借助文化创意产品设计带动地域经济发展的同时，将日本文化保护、传承、输出到全世界，提升国家软实力。这一类型的设计主要借助于感性工学的方法，统称为感性设计。这种文化层面的设计实质上是服务逻辑（SL：Service Logic）主导范式下，面向社会创新的服务设计，最终实现地域振兴和国家文化复兴，在高等教育层面主要培养社会创新设计师，简称"社计师"。

上述分析勾勒出了现阶段我国产业设计创新的大致轮廓和发展战略，即"1 个目标，2 种方法，3 驾马车，4 条道路，5 大主题"的 [12345] 设计战略（图 2.5）。不管是传统的工业设计还是新兴的服务设计，通过合理的设计最终实现人类福祉（make happiness）是设计师和设计研究者始终追求的"1个奋斗目标"。

在"研究驱动设计，设计驱动创新"的理念下，定性和定量是设计研究常用的 2 种基本方法。"服务 +""互联网 +"和"文化 +"是目前推动产业创新设计与升级的 3 驾马车。不管是作为具体设计对象的"服务"设计、"产品"设计，还是作为有效手段的"感性"设计、"交互"设计，4 条道路本质上都在不同层面"为服务而设计（D4S：Design for Service）"，都离不开实现万物互联的物联网和挖掘千百万消费者信息的大数据技术的有效支撑。在研究层面主要涉及"服务设计、新产品开发、用户体验、文化创意设计和社会创新设计"等 5 大主题。面向终端消费者的"体验 +"是检验这些设计好坏的最直接标准。这些领域的创新都需要设计师具备多方面的综合素养，未来的设计人才培养也必须从"T型"向"TTT型"转变，即不但具有宽口径、厚基础的基本设计专业素养，还必须在多个不同学科领域具备相当深度的专业素养。

源于管理科学领域的服务研究正不断拓展着自身的边界，服务与设计的结合更是用设计的方法和工具扩展了服务研究的可能性，由于服务和设计自身的跨学科、综合性、复杂性特点，以及人在心理、行为和活动中表现出来的模糊性、不确定性和易受市场、使用环境影响的易变性，使得服务设计的研究与实践面临着不同层面的诸多挑战。顾客、价值、关系和营销依然是服务设计与创新研究的重点，诸如"互联网＋"、VR、AR、人工智能等新技术的持续进步和国家战略层面经济、文化的振兴需求，给服务设计带来了巨大的机遇和发展空间。然而，对人类生存和发展的关注以及对自然生态环境可持续发展的考量，又使得服务设计的未来依然任重而道远。

参考文献

[1] 楚东晓. 基于"时间轴设计"的产品价值创造现状研究 [J]. 包装工程, 2014, 35（4）: 66-69.

[2] （英）彼得·马什著. 赛迪研究院专家组译. 新工业革命 [M]. 中信出版社, 2013 年 4 月.

[3] 工信部, 发改委, 工程院. 发展服务型制造专项行动指南, 工信部联产业 [2016] 231 号, 2016.

[4] 控制工程网. 专业解读什么是服务型制造, 2016. 来源: http://article. cechina. cn/16/0901/07/20160901074532. htm.

[5] 楚东晓, 楚雪曼, 彭玉洁. 从"造物之美"到"造义之变"的服务产品设计研究 [J]. 包装工程, 2017, 38（10）: 37-41.

[6] 柳冠中. 设计: 人类未来不被毁灭的"第三种智慧" [J]. 设计艺术研究, 2011 年第 1 期.

[7] 王煜全. 全球创新 260 讲: 全球科技现状与趋势, 2018 年前哨大会, 2018.

[8] （美）托马斯·塞缪尔·库恩. 科学革命的结构 [M]. 北京: 北京大学出版社, 2004.

[9] 蔡军. 掌握这三个关键词, 你就能用设计之力改变世界, 2018 年造就演讲.

[10] 王煜全. 人与人真正的区别不是智商、情商, 而是经历. 全球创新 260 讲, 2018 年前哨大会.

[11] 楚东晓. 服务设计研究中的几个关键问题分析 [J]. 包装工程, 2015, 36（16）: 111-116.

[12] Vargo, SL., Maglio, PP., Akaka, MA. On Value and Value Co-creation: A Service Systems and Service Logic Perspective[J]. European Management Journal, 24, 145-152, 2008.

[13] Lusch, RF., Vargo, SL. The Service-Dominant Logic of Marketing: Dialog, Debate, And Directions, M. E. Sharpe, 2008.

[14] Dourish, P. Where the Action Is:The Foundations of Embodied

Interaction [M]. Cambridge, MA:The MIT Press, 2004, 170.

[15] Kimbell, L. Designing for Service as One Way of Designing Services, International Journal of Design, 2011, 5(2): 41−52.

[16] Alexander, C. Notes on the synthesis of form. Cambridge, MA: Harvard University Press, 1971, 15.

[17] Buchanan, R. Wicked problems in design thinking. Design Issues, 1992, 8(2): 5−21.

[18] Simon, HA. The sciences of the artificial (1st ed.). Cambridge, MA: MIT Press, 1969, 55.

[19] Schön, D. The reflective practitioner:Howprofessionals think in action. New York:Basic Books, 1987.

[20] Pandza, K., Thorpe, R. Management as design, but what kind of design? An appraisal of the design scienceanalogy for management. British Journal of Management, 2010, 21(1): 171−186.

[21] Krippendorff, K. The semantic turn:A new foundationfor design. Boca Raton, FL: Taylor&Francis, 2006.

[22] CHU, Dongxiao. Development of Service&Product Design Based on Product Life Cycle ViewpointConsideration of Design Methodology to Maintain and/or Improve Product Value, Wuhan: Wuhan University Press, 2014.

[23] 郭永辉，"文化＋"与文化产业的崛起，《光明日报》，2015 年 11 月 23 日，07 版.

第3章
为服务而设计（D4S）

服务研究的范式

第 3 章
为服务而设计（D4S）:
服务研究的范式

美国学者丹尼尔·贝尔（Daniel Bell）在《后工业社会的来临》(*The Coming of Post-industrial Society*) 一书中富有远见性地指出，21 世纪人类将处于后工业社会这一宏观语境当中，后工业社会有两大特征:（1）理论知识越发凸显重要性，这意味着科学正日益成为创新和组织技术变革的重要手段，信息将是一种重要的战略资源;（2）相对于制造业经济而言，经济部门中服务业将高速扩张，这将导致全球产业结构发生巨大的变化，产业结构将呈现出由"工业型"向"服务型"转变的全球化发展趋势，而后工业社会的一个典型特征就是产业经济发展从"产品"转向"服务"。[1]丹尼尔当年的预测如今已经逐步变成现实，经济中服务业的蓬勃发展改变了经济和社会的结构，经济与社会的转型也必然引起设计领域的深度变革。

20 世纪，制造业曾经占据了商业世界的主导地位，进入 21
世纪之后，随着经济的发展和社会的进步，这种状况正迅速地发
生着改变。在像美国这样的西方发达国家，21 世纪前十年，服
务业就大约占到了 GDP 的 80% 以上，日本服务业占到 GDP 的
份额则超过 70%，而在巴西、俄罗斯以及德国这一份额也已超过
50%，并且在世界各国当中，服务业在经济中所占的比例仍在不
断增长。图 3.1 的数据显示了 2002 年世界各国经济成分中，服
务业与工业、房地产及农业部门对各国 GDP 的贡献度，从中可
以看出，即便在 20 年前，世界主要发达经济体的 GDP 中，服务
业的占比就已经超过了 50%，并且越发达的国家其服务业在其经
济中所占的比重越大，并且近年来越发呈现出爆发式增长趋势。

2017 年，作为发展中国家的中国，其经济领域发生了一件平
淡无奇的"大事"。这一年，服务业增加值在中国 GDP 总额中的
占比超过了 50%。知名自媒体《智谷趋势》分析认为，其重要性

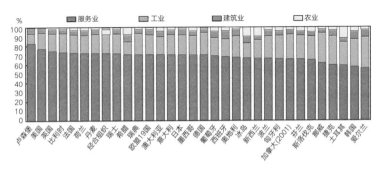

图 3.1　世界各国服务业在各产业部门中对各国 GDP 的贡献度（2002 年）[2]

超过了 2008 年中国第一次举办夏季奥运会，超过了 2012 年中国经济超越日本成为世界第二大经济体。[3] 这一简单的数字表明了一个信号，中国现代化的进步已不再局限于某一项工艺、某一个企业、某一个细分的领域，而是整体性地紧跟在现代西方发达国家身后。

在全球经济面临巨大下行压力的今天，在摆脱了过去数十年以城镇化发展作为经济发展引擎的经济增长模式之后，中国进入了新服务经济时代，这也是决定中国能否跨越发达国家门槛的关键时代。《智谷趋势》的那一夫认为，后工业化时代，物质的富足使得城市的使命不再是制造，而是创造和生活。城市的主体是人，满足人类更高层次的需求成为衡量城市发展的重要标准。目前中国最具吸引力的城市往往是那些经济结构合理、服务经济发达的城市。目前中国打造一流城市，甚至是全球标杆城市的雄心，也将会由服务业的品质所决定（图 3.2）。

服务业有别于制造业，用传统工业经济的思维和方法来进行服务业的创新与开发几乎行不通，服务科学和更基础的服务设计迫切需要构建服务领域的语言和理论体系，无论是学术界还是产业界都需要协同合作，共同创建全新的服务语言和服务设计体系。世界知名设计咨询公司和机构，如美国的 IDEO、英国国家设计委员会（U.K. Design Council）、德国的科隆国际设计学院（KISD），纷纷从产业发展的角度对服务设计的可持续发展起

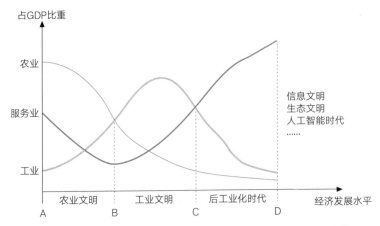

图 3.2　不同文明时代服务业、工业、农业在 GDP 中的占比趋势 [3]
（图片来源：那一夫，《智谷趋势》）

到了重要的推动作用。在学术界，美国和欧洲的一些大学开设了服务设计相关课程，在高等教育层面进行了服务研究的方法、工具和理论上的创新研究与设计实践。

　　在如今社会物质极大富裕和经济体高度发达的时代背景下，人们更加注重生活质量的提高和精神层面的享受与体验。专注感性价值创造和用户情感体验的服务设计已经全面走向了产业设计与发展的前台。不论是时下热门的服务科学（Service Science）、服务工学（Service Engineering），还是服务设计（Service Design），尽管名称彼此之间存在着内涵差异不能互相替换，但是作为一门新兴学科的专门术语，都试图将商业、设计、管理和服务经济联系起来，最终致力于面向可持续服务的创新设计与开发。[4]

3.1　服务研究的现状

对服务的研究最早出现在 19 世纪 40 年代，然而直到 19 世纪 70 年代才得到显著发展，当时的服务研究刚刚从"以产品为中心"的概念和理论中解放出来。1992 年，IBM 阿尔马登（ALmaden）研究中心首次提出"服务科学"的概念。正如 IBM 帮助开创了"计算机科学"这一研究领域一样，如今，在高等院校和职业教育领域，IBM 又一次站在了"面向服务创新"的下一个发展趋势的前列。2003 年，IBM 阿尔马登服务研究中心主任吉姆（Jim Spohrer）博士在 IBM 研究部门内部成立了世界上第一个服务研究小组，以此为契机，美国逐渐形成了一个新的学科："服务科学、管理与工程"（SSME：Service Science，Management，and Engineering），美国也因此形成了自己在服务研究领域的特色，即从科学、管理和工程的角度对服务设计与创新进行系统的综合研究与实践。

2007 年，美国加利福尼亚大学伯克利分校在其信息学院开设了"信息和服务设计"（ISD：Information and Service Design）课程，该课程主要关注如何在一个服务引导、信息推动的经济环境下对我们所需的技能和概念进行教授和研究，尤其是将重点放在了基于移动、定位服务系统方面的创新研究上，该服务系统可用来促进各专业团体、社区间的合作和知识共享。美国马里兰大学也创立了"卓越服务研究中心"（Center for Excellence in

Service)，该中心的研究重点主要是针对各种服务提供服务创新方法并进行收益研究，借助这些方法，企业能够为消费者提供更好的服务，进而扩大自己的业务范围。

在欧洲，芬兰的劳拉（Laurea）应用技术大学致力于服务创新和设计的研究，通过设立有针对性的研发项目，关注如何为老年人提供更好、更有效的健康保健服务，例如"活跃（老年人）计划／Active Project"研发项目。赫尔辛基艺术与设计大学，即现在的阿尔托大学则将重点放在从国家层面研究如何制定服务设计相关的国家政策及法规。

除了上述典型的教育领域的发展之外，在设计相关的组织和企业，围绕服务的创新和设计实践也在不断开展。例如，"Live | Work"公司将人的需求和欲望放在服务开发的中心位置，采用的主要方法是让用户深度介入到创新的整个过程当中，同时尽可能地关注对生活中那些关系到用户切身利益的服务，以及与这些服务相关的、能让用户享受到快乐的功能和情感方面进行具体的细节研究。Engine 则是另一家专业从事服务设计的英国公司，其服务设计的使命是"更好的服务，更幸福的顾客，更好的生活"。换句话说，Engine 公司相信：人们每天享用的服务能够阐释他们跟企业组织以及同其他人之间的关系，并最终塑造生活的品质，因此，这值得我们好好地设计这些服务。由詹弗兰科（Gianfranco Zaccai）于 1983 年成立、总部位于波士顿

的 CONTINUUM 公司，原名 Design Continuum，是全球顶尖的创新设计咨询公司，坚持"为商业设计"的理念，专注于体察用户情绪，根据用户需求和细节进行服务设计，擅长服务流程设计，它们为波士顿大学重新设计课程、为银行优化服务系统。CONTINUUM 于 2009 年正式进入中国，服务过三星、宝洁、迪士尼、中信银行、招商银行、神州专车、星客多等客户，革新了亿万中国消费者的体验。

教育界的服务研究以及产业界的服务设计实践促进了服务创新在理论和操作层面的发展。近十多年来，服务研究开始逐渐介入设计学领域，并为设计学的发展开辟了新的理论和实践的方向。然而，从设计科学的角度研究服务，首先有必要明确一些基本概念。其中，对"服务"本身进行界定以及厘清创新设计中服务研究的现状就是重要的一环。

3.1.1 服务的定义

事实上，服务并不是一个新的概念，它的产生与有纪录的人类活动一样久远。古典经济学中服务曾经被看作是非生产性劳动。亚当·斯密（Adam Smith）认为，有一种劳动，加在物上，能增加物的价值；另一种劳动则不能，前者因能够生产价值，可称为生产性劳动，后者则可称为非生产性劳动。[5] 亚当·斯密将生产服务的劳动划归为非生产性劳动，反映了其时代局限性。

马克思（Karl Marx）认为，服务这个名词，一般来说，不过是指这种劳动所提供的特殊使用价值，就像其他一切商品也提供自己的特殊使用价值一样；但是这种劳动的使用价值在这里取得了"服务"这个特殊名称，是因为劳动不是作为活动，而是用来提供服务的。[6] 马克思对服务的定义包含两层含义：第一，服务具有实用价值，是一种社会财富，能够投入市场进行交换；第二，服务在形式上与其他商品不同。商品具有实物的形式，而服务则以各种活动的形式呈现。

马克思认为服务是一种活动过程，具有生产性劳动和非生产性劳动两种属性，当服务与资本交换，其目的是产生利润时属于生产性劳动；当服务与个人收入相交换，其目的在于为消费者提供现实使用价值时，属于非生产性服务。前者如现在制造业的服务化转型与升级，主要涉及生产性服务；后者如现在的银行服务、互联网金融、餐饮住宿、旅游服务、公共服务等主要侧重活动过程的非生产性服务。

萨伊（Say）则以医生出诊服务为例来区别有形商品和无形服务之间的差异，进而理解服务的内涵。医生在与患者进行沟通的过程中，通过问诊为患者提供治疗建议而获得诊费，医生发表治疗建议属于生产行为，倾听患者的意见则属于消费动作，此时的生产与消费动作是同时发生的，这是服务区别于有形产品的一个典型特征。[7] 萨伊的观点被称为主观效用价值理论，萨伊认同服务是一种生产性劳动的主张，反对亚当·斯密的"服务是非生产性劳动"的观点。

对"服务"研究作出突出贡献的学者是希尔（Hill）。希尔早在 1977 年就系统地阐述了什么是服务的概念，并在其论著中指出了服务生产（Service Production）和服务产品（Service Product）的区别。[8] 希尔主张：服务是一种生产性活动，服务生产的显著特点在于服务的生产者不是对商品本身或服务生产者本人增加价值，而是借助商品对其他某一经济单位的商品或组织、个人增加价值。1999 年，希尔再次指出，一件商品可以是有形的，也可以是无形的；而一项服务则与一种非物质商品事实上是无法区分的。希尔的理解指出了服务的另一个重要属性：无形性（Intangibility）。

学者曾慧琴指出，服务是服务提供者帮助服务使用者获得运动形态使用价值的活动或产品 [9]，该观点主张服务包括有形的产品和无形的活动两种形态。上述几位学者从经济学角度对"服务"的概念和内涵进行了理解和定义。从中可以明确的一点，是服务既可以是有形的，也可以是无形的。

设计界谈起服务设计，通常将"服务"和"产品"进行比较研究。"服务"一词在英文中有两种表现形式：单数的"服务（service）"和复数的"服务（services）"，相应地分别包含两种不同的内涵。由图 3.3 可知，在与传统的产品（products）相提并论并进行比较研究时，通常用复数的 services 来指代一个个具体的"服务"。学者对"产品"和"服务"之间的关联性差别进行了大量研究 [10][11][12]，其中莫里（Morelli）将"产品"和"服务"的差别归纳为五个方面 [13]：

（1）服务的无形性（Intangibility）

产品一般是具体的，而服务通常是无形的。

（2）所有权的可移植性

产品的所有权在卖出的同时被转移，而服务的所有权通常不进行转移。

（3）生产和消费发生的同时性（Inseparability）

产品的生产和消费发生在不同的时间段，而服务提供和使用则在服务生产时同时发生。

（4）用户参与生产过程

因为服务的生产和使用同时进行，服务的使用者参与服务的生产过程，而产品的使用者则不参与产品的制造过程。

（5）制造者和用户之间关系的本质

产品制造商通常不联系消费者，而服务提供商则直接与消费者进行沟通。

上述学者对"产品"和"服务"差异的理解指出了"服务"的四大核心特征：（1）无形性（Intangibility），（2）异质性

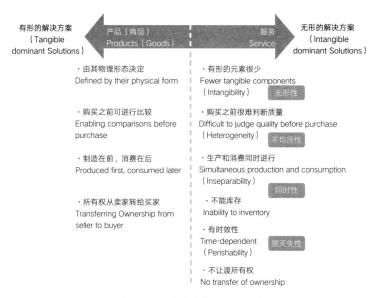

图 3.3　基于 IHIP 模型的产品和服务特征比较

（Heterogeneity），（3）同时性（不可分离性：Inseparability）和（4）易逝性（非持久性：Perishability），这四大基本特征通常被认为是服务的 IHIP 模型。[14]（图 3.3）IHIP 模型是目前最为流行的关于"服务"本质特征的传统描述，并且在相当长的一段时间内得到了管理学和市场营销学术界学者的认可。围绕"服务"，更多的研究者加入了讨论，对"服务"的本质和内涵提出了自己的观点和主张。

　　学者富山（Tomiyama）[15] 将"服务"定义为"改变服务接受者状态的一项活动"。格罗鲁斯（Grönroos）[16] 将"服务"定义为"包含一系列活动的过程，在这些过程中，若干不同类型的资源以同消费者直接交互的方式被使用，其目的是找到针对消费者的问题解决方案。"

东京大学原校长吉川弘之教授从"一个人向另一个人施加行为"的角度，认为"服务"是所施加行为的输出结果，并将这种服务称为"原始服务（primitive service）"，这里的行为是指一个人为了某种动机向另一个人施加影响所采取的反应。[17] IBM 研究部门从服务科学的角度将"服务"定义为"服务的提供者或接收者创造和捕捉价值的一种互动。"下村（Shimomura）则认为，服务是指服务的提供者所采取的一种行为，作为对这种行为的一种补偿，这种行为能够导致作为这些服务接收者的消费者的状态发生改变。[18]

上述关于"服务"的理解和定义的核心在于：主张将作为"事"的"服务"与作为"物"的"产品"区别开来。然而，这些定义并没有能够从本质上指出消费者通过"服务"真正从服务提供者那里获得的是什么。[19]

另一方面，学者瓦格（Vargo）和拉什（Lush）将"服务"定义为"一个实体为了另一个实体的利益而进行的能力应用"，这些能力包括知识和技能。[20] 这个定义从市场营销的视角为我们理解经济现象提供了一种新颖的描述，该描述隐含的是，在市场交换的交互配置过程中可以协同创造出价值，对这些价值创造进行的配置则被称为服务系统。不同学者对服务的定义为我们深入理解服务，进一步开展设计理论研究和设计实践提供了帮助。

3.1.2　服务的层次

值得注意的是，在服务主导逻辑（SDL：Service Dominant Logic）下，英文中用单数的服务（service）而不是复数的服务（services）来表示"为某人做事的过程"，这是对服务的抽象层面的理解。而复数的服务（services）则常被视为一种基本的输出单元，这是传统商品主导逻辑（GDL：Goods Dominant Logic）下与具体、有形的产品（products）相对应、对于服务的具体层面的描述。

商品（commodities）VS 服务（services）的传统讨论将焦点主要放在商品和服务之间存在的各种既定差异上面，如服务的IHIP 模型。在服务主导逻辑范式下，当谈到服务（service）和商品之间的关系时，普遍将商品看作是服务提供过程中的一种工具（appliance）或手段（means），而将服务（service）视为交换的公分母，如此一来，服务（service）则成为商品（goods）的上位词[21]，是包含了具体的商品和具体的服务（services）的问题解决系统。

因此，在服务主导范式时代，通常从系统层面理解服务（service），将服务（service）视为包含各种产品与活动过程的系统，服务本质上是紧密联系有形功能和产品价值创造的一个过程。服务系统内的产品则被称为服务产品。近年来，价值创造成为服务研究的热门话题，正逐渐成为服务创新的核心和主流。

3.2　服务研究的格局

一方面，从设计实践的角度，我们可以将"产品"看作是"物"，将"服务"看作是"事"，二者合在一起组成的"事物"一词囊括了设计所关注的所有对象。另一方面，从设计研究的角度，目前存在两种方式来研究"产品"和"服务"，即理论上的"分析"和实践上的"设计"。如果我们以"产品→服务"和"分析→设计"作为坐标图的 X、Y 轴来理解现有服务研究的话，可以得出目前世界上有关服务研究的大致格局（图 3.4）。

服务研究目前覆盖的学科范围比较广泛，主要涉及管理学、计算机科学、工学等领域，如管理学中的服务营销（Service Marketing）、服务运营（Service Operations）和服务管理（Service Management）。近年来，服务科学，又称为服务科学管理与工程（SSME：Service Science, Management and Engineering）、产品服务系统（PSS：Product Service Systems）

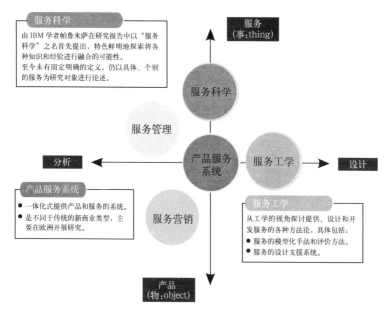

图 3.4　国际上现有与服务相关的主要研究领域的格局 [23]

及服务工学（SE：Service Engineering）三个研究领域在世界上受到越来越多的关注。服务研究领域的三分法本质上是一种服务主导逻辑（SDL：Service-dominant Logic）范式下的认知与思维方式。

　　尽管服务研究和服务设计正被越来越多的学者和业界所关注，但相较于传统工业思维下的产品设计而言，目前设计创新视野下的服务研究仍缺乏有效的理论和方法，而服务导向的设计研究的有效突破口应重点从工学的视角寻找设计的方法论和工具，以解决服务设计研究亟待解决的研究方法缺位、案例不够、领域单一等问题。[22]

一般而言，学术界将服务分成三种类型：产品导向型服务（product-oriented service）、使用导向型服务（use-oriented service）和结果导向型服务（result-oriented service）。不同类型的服务，其设计实践的切入点和对象存在差异，下面举例子来论述三种类型服务设计的具体不同。

在夏季，以向一间屋子提供制冷的解决方案为例：

产品导向型服务：

其设计思维的重点是如何设计出超强功能的制冷产品。比如，考虑利用移动互联网和物联网技术设计开发的可以远程控制的智能空调；除了常见的柜式、窗式之外，设计出可漂浮使用的空调；不用遥控器和传统按键操作，改用手势操作的空调；可以自动调温、根据主人心情播放音乐的智能空调等这些基于现有产品的改良型空调产品，这是典型的产品主导型设计思维模式。

使用导向型服务：

顾客关注的不是使用什么样的空调产品，而是怎么样快速实现房屋降温这一功能，相应地设计的重心主要放在如何研发更好的新型制冷方式以实现房间快速降温。比如，采用中央空调进行温度的集中调节，就是典型的以基于功能使用而非空调产品本身进行的服务创新的设计结果。

结果导向型服务：

该类型设计则主要关注房间最终凉快下来的效果是否最优、是否节能可持续以及用户感受是否舒适等，这需要设计师更多地从系统的层面将环境因素纳入进来综合考虑设计创新。比如，房子的使用地区、使用群体、是否绿色环保、对生态的压力，以及终端用户是否承受得起等设计伦理方面的问题都是进行降温服务创新设计时所必须考虑的。

3.2.1　服务科学管理与工程（SSME）

第二次世界大战之后，IBM 公司奠定了计算机商业基础，1947 年，IBM 创立了"Watson 实验室三周计算课程"，并在哥伦比亚大学进行讲授，计算机科学正式成为一门学科。20 世纪 60 年代，IBM 高管弗里德里克（Frederick P. Brooks Jr.）率先在普渡大学成立了美国第一个计算机科学系。如今 IBM 仍然处于计算与学术结合的中心。

2004 年，IBM 公司将计算、商业和社会科学相融合，发起了跨学科研究的新领域，这一领域如今被称为服务科学而广受关注，IBM 帮助确立了这一新兴行业及其未来的学术基础。而服务科学一词则于 2004 年由来自加州大学伯克利分校的亨利·伽斯柏（Henry Chesbrough）教授首次提出。

（1）2004年4月，IBM在加州圣荷西的阿尔马登研究中心（Almaden）召开"全球可扩展企业时代的业务"会议，伽斯柏教授召集了一个临时性的会议专题，一些教授也参与到集体讨论中来，会上提出了"服务科学"的概念，当时在座的大多数学者都对"服务科学"这一概念持怀疑态度。

（2）2004年5月，IBM研究部在纽约州约克镇的哈茨召开"需求商务的架构"会议，IBM研究部主管保罗·洪，IBM服务商业咨询研究院主管基尼·诺曼蒂都以描述"服务科学"的需求作为会议的开场白，此次会议最后形成了以此为主题的白皮书。

（3）2004年11月，在美国加州圣荷西的IBM阿尔马登研究中心召开了"21世纪的服务创新"会议，许多相关学科学者和教育人员围绕服务创新的特殊研究课题和教育的未来发展方向进行了热烈讨论，会议最终将工程和管理也纳入到服务科学的研究范围，自此，"服务科学、管理与工程"（SSME: Service Science, Management, Engineering）这一称呼正式走进公众视野。

作为一门新兴的研究领域，服务科学进入中国经历了以下几个重要发展阶段：

（1）2005 年 12 月 25 日，教育部与 IBM 签订新的 5 年谅解备忘录，提出学科建设要紧跟时代发展和社会需求，将服务学（SSME）学科建设正式提上日程。

（2）2006 年 9 月，陈至立国务委员和教育部周济部长一行受邀访问 IBM 美国华生实验室，参观了 IBM 研究团队在服务学、生命科学、高性能计算等新兴领域的最新研究成果。陈至立国务委员当即表示：发展服务学非常重要。周济部长也提出：通过服务学学科建设，中国高等教育的学科建设要走到世界前列。经过双方多次商谈和会晤，教育部与 IBM 正式签署开展《"现代服务学方向"研究合作项目备忘录》，双方计划在我国高等院校全面启动"现代服务科学方向"的研究和建设。

（3）2006 年 11 月 14 日，《"现代服务学方向"研究合作项目备忘录》签字仪式在北京钓鱼台国宾馆隆重举行，教育部部长周济和 IBM 总裁兼首席执行官彭明盛携双方高层出席盛会，并在会上热情发言。具有特殊意义的，是这次 IBM 是在中国向全世界公布"服务学"的学科建设理念。为此，教育部领导在不同场合曾多次表示：这是一个具有非常重要意义的合作，通过这个协议，中国在新兴学科建设方面不仅将和世界同步，而且会在最短时间内走在世界前列。随着中国经济融入世界发展的潮流，中国进入了一个前所未有的历史发展新时代。"服务学"理念的提出是中国走在世界前列的保证，其意义是非凡的。这次在中国发布"服务学"的理念，是对 IBM 中国教育合作项目意义的提升，是具有全球性影响的。所以不仅对中国，对全球都是非常令人鼓舞的一件事情。

（4）2007 年 8 月 11 日，在教育部支持下，来自教育部、清华大学、北京大学、上海交通大学、复旦大学、浙江大学、哈尔滨工业大学以及 IBM 的领导和专家，在哈尔滨工业大学（威海）召开第一次工作会议，并宣告服务学专家协作组正式成立。

（内容来源：IBM 官方网站）

过去几年，IBM 和世界近百所大学合作伙伴一起努力，推动着服务学的学科建设，该项工作已经取得了相当大的进展。世界上许多国家和地区相继设立服务学相关学位和研究中心，包括卡耐基梅隆大学、剑桥大学、加州大学伯克利分校、斯坦福大学、美国西北大学、麻省理工学院、北卡罗来纳州立大学、密歇根理工大学、台湾清华大学等。其中，卡耐基梅隆大学建立了"信息服务评估中心"，该中心和 IBM 研究人员合作著书《服务科学：培养 21 世纪人才》。北卡罗来纳州立大学在研究生层次开设服务科学专业并授予学位。斯坦福大学建立了"工作、技术与组织研究中心"，致力于研究如何使得技术和组织架构创新更好地为企业服务。中国台湾清华大学建立了"服务学研究所"，并举办服务学研讨会，在台湾学界引起了热烈讨论。

据统计，2008 年，全世界有 42 个国家的 230 所高校讲授服务学相关课程，开设有 102 个服务学相关学位课程，其中包括 88 个硕士学位，14 个本科学位。超过 25 个服务学相关的学术会议在国外召开，47 所高校建设有专门网站分享在服务学领域的学科发展和研究进展，SRII、NESSI、ASEE、IEEE、CIMS、SDN 等国际组织也相继设立了服务学研究组。

2005 年，IBM 将服务学理念引进中国，在教育部的指导下，IBM 与清华大学、北京大学等 30 多所高校在服务学课程实践、人才培养、联合科研、教材编写、师资培训和学术交流等方面开展全面合作，力求通过教育、企业、政府的多方合作，培养适应服务经济发展需求的现代服务业人才，推动中国服务业的蓬勃发展。目前，清华大学、北京大学、哈尔滨工业大学、西安交通大学、北京邮电大学、电子科技大学、同济大学、浙江大学、中山大学等高校已经建立了 10 个服务学相关研究中心，北京大学、浙江大学、哈尔滨工业大学、天津大学、中山大学、中国人民大学、东南大学、电子科技大学和北京联合大学等 9 所高校设立了服务学专业方向。[24]

服务科学概念指出了未来社会"面向服务创新"的发展趋势。服务科学旨在发现复杂服务系统中隐藏的潜在逻辑，以及为服务创新建立一套共同语言和共享体系。然而发展服务科学需要加强跨学科的合作，同时需要来自政府和商业机构加倍增加在服务教育和研究领域的研发投资，所有的利益相关者都必须行动起来，制定计划进行服务创新。学者瓦格（Vargo）认为，服务科学是跨学科的服务系统研究，尤其是研究复杂的资源配置如何在企业内部以及企业之间创造价值。正是由于服务具有的 IHIP 属性，服务创新缺乏像制造业或商品创新那样所拥有的科学和工程基础。

服务科学管理与工程的英文缩略词 SSME 试图将与服务相关的所有研究包容在 SSME 这把"巨伞"之下。[23] 用 SSME 首字母缩略词的形式表达一个新的研究方向尽管带来了理解上的难度，但其背后的想法却很简单。实际上，一门学科，不管其发展多么成熟，都不能完全贴上"科学"的标签，除非它满足某些标准，以便在因果关系上具有可预测性、可反驳性以及通过实验能够对假设进行反复验证。

尽管我们的经济越来越依赖服务，相应的研究却未能与服务的容量和重要性相匹配。[25] 这一逻辑意味着生产力和生活水平的进一步提高对改善服务和进一步充分研究服务是可能的。另外，服务科学这一新兴的独特领域寻求对知识的更深层次理解，却至今没有确定的定义，这即是服务科学的现实所在。

3.2.2 产品服务系统（PSS）

在制造业领域，由产品提供的服务被认为比提供服务的产品本身更有价值。在这一思路指导之下，产品服务系统（PSS：Product-Service-Systems）的概念应运而生，产品服务系统概念的诞生吸引了越来越多的关注，其主旨是通过将产品和服务相结合以创造价值。[26]

一个产品服务系统被认为是一种商业模式，这种商业模式以功能为导向，目的在于为消费和制造领域提供可持续发展的理论支持和实现方法。[27]产品服务系统是一个包含着经过设计的有形的产品和无形的服务所组成的混合体，在这个混合体内的产品和服务共同地能够满足终端消费者的需求。[28]产品服务系统概念有两大基石：

（1）本质上将消费者想要实现的最终功能和满意度作为商业开发的起点，而不是传统意义上实现这一功能的产品；

（2）怀着"绿色"的心态详细规划提供功能的商业系统，而不是认为现存的结构、规则和企业的定位是理所当然的。[29]

产品服务系统概念产生之初极大地受"传统的制造业企业在应对不断变化的市场需求时，提供与产品相融合的服务能够比单独的产品更能为企业提供更高的利润"这一思想所驱动。[30]面对市场的不断萎缩以及不断增长的产品商品化趋势，制造业企业深刻认识到[31]，提供服务是通向高利润和高增长的一条新途径。产品服务系统的另一个属性是绿色环保意识（Green Field Mindset）。已普遍接受的观点是：并非所有的产品服务系统都能导致物质消耗的减少，但产品服务系统作为企业环境战略的一个重要组成部分，正得到了越来越多的承认却是不争的事实。

事实上，一些学者已将产品服务系统（PSS）重新定义为"必然包含着改良的、环境上的改善"。例如，蒙特（Mont）[32] 将产品服务系统（PSS）定义为："一个由产品、服务、配套网络以及基础设施所组成的系统，这个经过设计的系统富有竞争力，能满足消费者的需求，并且与传统的商业模式相比能产生更低的环境影响。"

蒙特对此定义作了进一步解释：产品服务系统是一个由产品、服务、配套基础设施以及必需的网络所组成的预先设计过的系统，该系统是一个迎合消费者偏爱和需求的、所谓非物质化的解决方案。产品服务系统也被定义为"自学习"系统，而持续改进是其众多目标之一。[33]

此外，产品服务系统的开发存在着各种各样的方法和倾向。基于服务的三种类型划分，基于蒂什纳（Tischner）和塔克（Tukker）[29] 对产品服务系统的理解，库克（Cook）将产品服务系统划分为产品导向、使用导向以及结果导向三种类型的产品服务系统[34]：

1. 产品导向的产品服务系统（Product-oriented PSS）

产品导向的 PSS 模式中，有形产品的所有权转让给消费者，同时为现有的产品系统提供诸如维修契约等附加服务。该模式充其量可以期待由于得到更好地维护之类的服务，最终让产品获得更多可持续的改善。对于该类型的产品服务系统而言，对于这些附加服务能否促进系统内产品或物质的循环进行评价研究是最容易的。

2. 使用导向的产品服务系统（Use-oriented PSS）

使用导向的 PSS 模式中，有形产品的所有权仍由服务供应商拥有，借助改良的物流和支付系统，采用共享（sharing）、共用（pooling）、租赁（leasing）等形式，服务供应商将产品的功能卖给用户。该类型 PSS 系统出售的仅是产品的使用权（use）而非产品的所有权，专注于向"租赁型社会"转变。[33]

3. 结果导向的产品服务系统（Result-oriented PSS）

结果导向的 PSS 模式中，产品被服务所取代，如语音信箱取代电话应答机。该类型的服务实际上是唯一、真正的"以需求为导向"，通过服务需求寻找相对应的商品（goods）替代品。

概括而言，产品服务系统（PSS）概念更多地受到欧洲学者的认可，作为一种相应的思考方式来展示产品和服务对环境所造成的影响。这一概念最初由荷兰 Pre 咨询公司所提倡。1998年至 2001 年间，欧盟开展了名为"创造生态高效生产性服务"

（*Creating Eco-Efficiency Producer Services*）的研究项目。当初，该项目并未被命名为产品服务系统（PSS），而是被称为"生态效率型服务"。紧接着，2002 年至 2004 年，欧盟开展了一个由荷兰牵头、名为 SurProNet 的更高级别的研究项目，作为阶段性研究成果，上述三种类型的产品服务系统（PSS）概念被正式提出。

为有效推进产品服务系统的研究，蒂什纳（Tischner）和塔克（Tukker）进一步提出了他们对于 PSS 的理解 [29]：

第一，PSS 当然具有潜在的能力来增强企业的竞争力并有助于实现产品的可持续性。然而迄今为止，PSS 还没有得到有效地开发。这种潜在的双赢只能通过对 PSS 的精细设计来实现，且未必总能得到成功。如果 PSS 一定要凭借自身能力创造一个科学领域，至关重要的是让来自该研究领域的实践者参与其中，以丰富、联合各种各样单个的概念性方法，并且极大地增强这些概念性方法在诸如案例研究方面科学上的严谨性。这是其他模型、案例研究或手册指南无法做到的。

第二，我们必须接受一个现实，即这种双赢的局面并不总是存在。真正的激进式系统创新是一种创造性破坏，这要求文脉因素和机构环境也必须相应地改变。因此，需要一个更宽泛的系统方法，而不是仅仅循着价值链的"商业—消费者"之间的交互，这正是 PSS 概念的核心。换言之，对于需要采取什么样的措施来实现 PSS 的可持续性梦想的研究将是未来社会应该关注的焦点所在。

除此之外，更多学者和组织对 PSS 给出了自己的理解和定义，卡洛·维佐里（Carlo Vezzoli）、辛迪·科塔拉（Cindy Kohtala）、安穆利特·斯里尼瓦桑（Amrit Srinivasan）等学者在《可持续产品服务系统设计》一书中列举了现有针对产品服务系统的几个有影响力定义。[35] 其中，1999 年，歌德库（Goedkoop）等学者提出，PSS 作为产品服务系统或者产品和服务的组合，是由一套适销的产品和服务组成，二者共同协作以满足顾客的某种需求，该系统是一种创新的商业模式，更利于环境保护。2002 年，曼齐尼（Manzini）和维佐里（Vezzoli）认为，产品服务系统是战略创新的成果，其创新点在于：将战略中心从商业设计和有形产品销售转移到一种能够同时提供产品与服务，且能满足消费者特定需求的系统上。2003 年，布兰德斯托特（Brandstotter）指出，PSS 通过将产品和服务相结合来满足消费者的特定需求，这有助于实现可持续发展的目标。2005 年，欧盟、MEPPS、范·哈伦（Van Halen）等同样认为 PSS 是战略创新的成果，侧重于设计和推广产品与服务组成的系统，共同满足消费者的需求。2007 年，贝恩斯（Baines）强调，PSS 既提供产品又提供有价值的服务，能够改变以消耗大量资源为代价的经济发展模式，减少经济活动对环境的负面影响。

因此，对于任何产品服务系统（PSS）而言，一方面，产品与服务相结合都能带来战略上的创新，并满足终端消费者的特定需求；另一方面，PSS 致力于改变以消耗物质或能源为代价来创造价值的传统生产方式，降低传统的产品生态体系在其生命周期中对环境产生的不良影响，PSS 将可持续作为其追求的终极目标。

与 PSS 概念相对应，美国学术界则倡导服务化（servicizing）概念，用以描绘这种结构性转变：即产品责任延伸（EPR：Extended Product Responsibility）。EPR 的基本原则，是产品链上的参与者分担"整个产品系统在生命周期中对环境造成的影响"所延伸而来的责任：参与者对环境施加影响的能力越大，其承担的责任越重。[36]

"服务化"是一个基于产品的服务概念，这一概念模糊了制造业和传统服务业活动之间的界限，被视为推进"产品责任延伸"理念的驱动器，其目标是在一个以服务和信息为导向的功能经济时代通过服务化取得环境收益。

"服务化"概念的提出体现着深刻的社会背景。首先，它承认"服务经济本质上是清洁经济（clean economy）"这个过于简单、乐观的观点是不充分也是不正确的。其次，它提出一种假设，"依赖于材料密集型工业经济的一种附加价值（value-added layer）"这一描述能更恰当地描述服务经济的特征。因此，从"产品责任延伸"的角度，通盘考虑产品从制造、使用、维护到废弃过程中，整个生命周期各阶段的处理方式，一定程度上可以获得产品的环境效益。

3.2.3 服务工学（SE）

服务工学最早起源于 20 世纪 90 年代的德国和以色列，是服务科学管理与工程、产品服务系统之外服务研究的第三大热点领域，采用工学的方法研究服务是其典型特色。工学角度的研究能够为服务的运营、设计和开发提供方法论支持。事实上，服务工学聚焦服务系统中的产品设计，并关注采用合适的模型、方法及工具对服务进行系统性开发。

由图 3.5 可知，服务工学研究主要涉及两方面内容：（1）服务研发管理（R&D management of services）；（2）新服务产品开发（Development of new service products）。其中，服务研发管理具体包括组织设计（Organisation）、人力资源管理（Human resources）和 IT 技术支持（Information Technology）三个方面。新服务产品开发则专注于构建面向新服务产品的各种开发模型（Models）、方法（Methods）和工具（Tools）。

不同于新服务开发（NSD：New Service Development）严格地以市场为导向的方法，服务工学则采用更加技术性和方法论

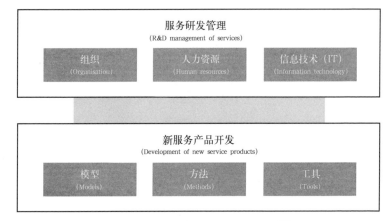

图 3.5　服务工学的研究框架与内容 [37]

层面的工具与手段，力图有效利用现有工学的专有技术，以在传统的产品开发领域设计开发出创新的服务。

服务工学 [38] 常用的工学方法与工具主要包括产品服务协同设计（product service co-design）[39]、服务建模（service modeling）[40]、计算机辅助服务设计（service CAD）[41] 以及新服务开发（NSD）[42] 等方法。具体而言，产品服务协同设计和服务建模两种方法主张借用传统应用科学中常用的工学方法和工具进行服务的设计与开发。计算机辅助服务设计则认为基于计算机的开发工具非常适合于设计服务和产品服务系统，正如 CAD 可以辅助实现产品的高效设计以及有效模拟各种情况下的产品使用行为一样。

新服务开发方法则可以有效阐明服务过程中所体现出的固有的独特属性，比如作为服务参与者的消费者属性、服务的无形性以及消费者需求的非均质化等特性。服务工学研究的轮廓已经渐次清晰，服务工学不仅可以为新服务的开发提供有效的方法和工具，而且能够实现产品服务系统和环境的可持续发展。

3.3 服务研究的三种范式

事实上，对商业实践和学术研究而言，观念（perspective）很重要，主流观念和主导逻辑范式往往驱动着商业的发展走向。观念体现在概念和模型中，不仅影响思维，而且左右所要采取的行动。学者普拉哈拉德（Prahalad）和贝蒂斯（Bettis）认为，主导逻辑（dominant logic）是一种思维模式（mindset）、世界观和商业概念，是为实现商业目标、作出商业决策而采用的一种管理工具，是存在于人们主流观念当中的共享认知地图和认知模式。[43]

在市场营销领域的研究文献中，学者经常讨论各种商业和营销观念，探讨这些观念有助于应对新兴商业环境中出现的各种挑战，如科技、竞争和顾客力量方面的剧烈变革，以及人类对于社会可持续发展和人类福祉的关注等。

在服务研究领域，存在着服务主导型逻辑（SDL：Service

Dominant Logic）、顾客主导型逻辑（CDL：Customer Dominant Logic），以及服务型逻辑（SL：Service Logic）三种典型的逻辑范式，代表着服务研究领域研究服务的三种不同观念。三种逻辑范式各自聚焦的问题点虽有不同，却都阐释了当今社会和商业服务的特点，体现了对服务性质、企业与顾客关系、商业价值创造等方面的不同理解与思考。

服务主导型逻辑（SDL）侧重于系统和社会层面服务的普通参与者之间的共创（共同创造）研究。服务型逻辑（SL）则关注服务提供者和作为服务接受者的顾客之间的交互关系。顾客主导型逻辑（CDL）侧重于研究顾客逻辑，服务过程中的一系列顾客活动、活动参与者和顾客体验，以及在此文脉下服务提供者所扮演的角色。

3.3.1　服务主导型逻辑（SDL）

工业化时代与服务经济时代的社会形态特征分别体现为"产品为中心"和"服务为中心"。基于这种理解，瓦格 [44]（Vargo）从市场营销学的角度将这两种不同的社会形态分别界定为商品主导型逻辑（GDL：Goods Dominant Logic）和服务主导型逻辑（SDL）。

服务主导型逻辑（SDL）是服务研究领域讨论最多的重要

议题之一，强调"服务"在企业发展中发挥着主导作用。SDL
逻辑范式之下，"服务"是与"产品"相对应的另一种形式
的"人造物"，IHIP 模型指出了"服务"区别于"产品"的四
个典型特征：无形性（Intangibility）、购买前难于评价质量的
非均质性（Heterogeneity）、生产和消费同时进行的不可分性
（Inseparability）、受时间变化影响的易逝性（Perishability）。
服务主导型逻辑（SDL）范式中的服务设计与研究强调作为设计
对象的服务与产品之间的差异，并将设计作为一种问题解决方
案，寻求单纯的传统产品设计所不能解决的产品同质化、基于用
户服务流程优化所带来的顾客消费的不可持续问题，以及用户产
品使用体验的提升，有形物质产品的使用、废弃所带来的生态环
境恶化和社会阶层分化等社会、环境的改善问题。

3.3.2 顾客主导型逻辑（CDL）

20 世纪 50 年代，管理学大师彼得·德鲁克（Peter Drucker）
认为，对于商业目标有效性的定义只有一个，即是否创造了顾
客。一般而言，顾客在购买商品或服务时具有选择权。从营销的
角度来看，"了解顾客是如何在不同的供应商之间作出决策的"
至关重要。服务环境中的顾客视角尤其重要。服务应该聚焦顾客
眼里的价值。了解顾客通常被视为企业在日益激烈的市场竞争中
提升业绩的关键。然而现实却是，许多公司尚在努力解决顾客在
其业务中扮演的角色问题。

顾客主导型逻辑（CDL）是基于顾客至上的一种商业与营销观点，该观点意味着一种转变：从关注服务系统提供商涉及顾客服务流程的模式研究，转向关注企业生态系统中顾客如何与不同类型的服务提供商进行合作方面的研究。换言之，顾客主导型逻辑（CDL）强调企业应将重点放在顾客如何将服务植入企业的业务流程，而不是公司如何为客户提供服务。认可顾客主导型逻辑（CDL）凸显了现有研究和实践对营销观念理解上的差异。

与服务主导型逻辑（SDL）相对应，顾客主导型逻辑（CDL）强调在关系营销和服务管理研究中，作为服务购买者的顾客在企业应对商业挑战，决定企业是否能够既获得利益，又能够在提供消费者愿意购买的产品或服务方面发挥着核心作用，顾客主导型逻辑主张顾客因素决定着企业的商业成功，而不是诸如产品、服务、成本以及利润增长等因素，这是顾客主导型逻辑与服务主导型逻辑的最根本区别。

企业应该通过了解客户在自己的环境中所涉及的流程，以及他们需要支持这些流程的不同类型的物理和心理输入来尝试发现潜在的、未实现的服务价值。这意味着企业应该从了解客户的活动开始，然后支持这些活动，而不是从产品或服务开始，然后确定公司可以适应的活动。实证研究中，顾客主导型逻辑（CDL）常被用在研究顾客社区、品牌关系、顾客活动和银行服务等领域的问题。

3.3.3　服务型逻辑（SL）

也有学者认为产品（goods）是价值支持资源（value-supporting resources），而服务（service）是一个价值支持过程。[45]服务是对价值创造的一种看法，而不是一类市场（提供的）产品（market offerings）[46]，因此服务普遍地被认为是一种观念（perspective）而不仅仅是一项活动（activity），这种商业思维模式被称为服务型逻辑。[47]

服务型逻辑（SL）认为，顾客通过消费（利用）企业提供的产品和服务（services）资源及技能来进行自我服务（self-service）这一实践活动，最终为自己创造价值，这个过程即为服务，在这个过程中企业的支持能力决定企业商业的成败。

由于立场和视角不同，SDL、CDL、SL 三种不同的商业逻辑范式对服务的内涵、决定企业商业是否成功的重点、企业在发展过程中应注意的重点以及基于企业和顾客的价值共创的方式的理解和界定方面存在着差异。[48]（表 3.1）

不同的服务商业逻辑揭示出不同的服务观念之间的差异，呈现给顾客的方式也不同。回顾服务研究的历史不难发现，20 世纪70 年代的第一阶段，学者主要关注产品和服务之间的差异性。大约 30 年后、21 世纪初的第二阶段，SDL 概念出现后，传统的服

SDL、CDL 和 SL 三种逻辑之间存在的差异　　　　　　　　　表 3.1

	服务的性质	决定企业商业成功的重点	企业关注的重点	价值共创
服务主导型逻辑（SDL）	面向服务提供者的观点：服务是组织的业务和营销策略	系统：包含具体的服务、产品、成本等因素	怎样才能将现有的供给(offerings)更多地卖出去	价值始终是由服务提供者(provider)和服务接收者(receiver)共创(co-creation)实现的，价值创造过程是交互作用的结果
顾客主导型逻辑（CDL）	面向顾客的观点：服务是客户购买和消费过程的基础	顾客：创造和维护有益的顾客关系，有效的服务管理	企业所提供的供给当中，顾客愿意购买的究竟是什么	价值不一定总是共创的，只有顾客(customer)和服务提供者在共同目标驱动情况下的价值创造行为才是共创行为；价值创造不一定是交互作用的结果
服务型逻辑（SL）	服务是一个活动过程：顾客利用（消费）企业提供的具体产品或服务进行价值创造的实践过程	顾客是价值创造的主体，顾客在为达成自身目标而进行的价值创造实践活动过程中，企业的支持能力	企业不再仅限于为顾客提供价值，而是如何参与。辅助顾客自身的价值创造过程	价值仅在协同、互动和对话的过程中进行创造，不一定是共创的；价值创造是交互作用的结果

务管理被归为商品主导型逻辑（GDL），此时研究的重点是作为结果的具体服务（services）和作为过程的服务（service）之间的比较研究。

服务的过程性主要体现在顾客参与服务活动的交互过程，以及顾客和服务利益相关者之间的共创过程。如今，SDL 的研究焦点开始从服务的个体提供商、顾客和提供商遭遇触点方面的研究转向如何在服务交换系统中创造价值。从多层次利益相关者的市场交换行为来看，SDL 逻辑中交换的基础正是服务。

CDL 逻辑则与 SDL 不同，其研究的关注点从服务的提供者转向服务的接受者，即购买服务的顾客。学者海诺宁（Heinonen）认为 GDL 逻辑和 SDL 逻辑本质上属于提供商主导型逻辑（PDL：Provider-dominant Logic）。[49] 而 CDL 本质上并不强调顾客与提供商或市场之间的交互过程，重点关注企业的主要利益相关者、顾客，以及顾客将服务嵌入企业整个服务流程的方式。CDL 对顾客活动和体验重要性的重视超过顾客对服务内容的感知以及顾客与市场交互进程的重要性的强调。CDL 并不关注产品和服务的差异，而是将产品和服务视为价值的基础。

如果用"结果（outcome）→过程（process）"来描述服务的属性，用"顾客（customer）→提供商（provider）"来表示服务所涉及的主要利益相关者，可以用图 3.6 坐标图的形式展示出目前服务研究中涉及到的主要逻辑范式及范式之间的相互关系。

由图 3.6 可知，商品主导型逻辑范式（GDL）和服务经济时代主要商业逻辑观念服务主导型逻辑（SDL）和服务型逻辑（SL）对服务的理解截然不同，GDL 观念认为服务是交换的结果，SDL和 SL 则主张服务是交换的过程，强调服务的过程属性，在这一

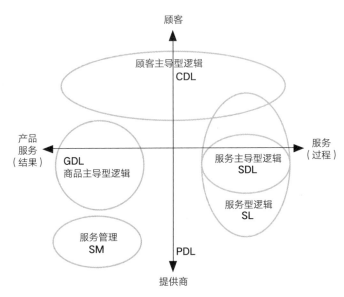

图 3.6　不同逻辑范式中服务供给的特征及服务参与者
关注点的差异[49]

点上，CDL 和 SL 具有相似性。CDL 将过程视为服务实现的前提
条件；而 SL 则主张，服务是顾客利用（消费）企业提供的具体
产品或服务进行自我价值创造与实现的实践过程（表 3.1）。

形成鲜明对比的，是 CDL 似乎完全不关心服务是什么，更
在乎顾客究竟愿意从服务提供商那里购买的是什么，始终以顾客
为中心，以创造、维护有益的顾客关系为己任，仅将服务视为
顾客进行购买和消费过程的基础。SL 与 CDL 和 SDL 均有交集，
SL 认同"当顾客和服务提供商在共同目标驱使下以协同、互动

和对话的形式进行的价值创造活动是一种共创行为"这一观点，这与 SDL 主张的服务始终是价值共创过程相一致，SL 和 SDL 都认同价值创造是交互作用的结果。

传统营销管理中还包括服务管理（SM：service management）的概念，服务管理（SM）概念主要关注企业如何管理和设计服务供给。服务管理（SM）和商品主导型逻辑（GDL）都聚焦于提供商视角（PDL）的服务供给（service offerings），这些供给结果的具体展现形式便是企业提供给市场或顾客的具体产品或服务。

3.4 价值共创与服务创新

服务经济时代，通常从系统层面上理解服务，一方面将服务看成是包含各种产品的系统，另一方面将服务定义为紧密联系有形功能和产品价值创造的过程。尤其是近年来，价值创造的观点颇为流行，成为服务创新的核心以及服务相关研究的主流而被广为接受。在此文脉下，介绍三个近期颇受关注的服务价值创造模型。[13]

3.4.1 下村模型：服务建模

服务工学是一种新的工程思想，其目的是提升服务及提高产品生命周期中附加值创造的知识内容量。为了达到这一目标，针对服务的建模方法被认为是实现服务工学目标的一项最基本任务。

学者下村芳树认为，一般而言，服务不仅与客观要素相关联，而且涉及服务接收者对服务内容的主观感受，也就是说，服务具有主观性特征。此外，下村还主张，现在为新服务的产业创造以及对现有服务进行富有竞争力的改进，提供具体的工程技术和工具是非常必要且紧迫的，这些工程技术和工具的创造使得理解、设计、制造、开发服务成为可能。在这一背景下，基于服务工学的构架，下村提出了一种服务建模（service modeling）方法，通过阐明实际的服务案例来展现和表达服务。[50]

具体而言，将"服务"假定为服务的提供者所采取的一种"行为"，该行为伴随着服务接受者对服务提供者的对应考虑并能够导致服务接收者产生一种满意的状态改变。服务的组成元素可以分成三种类型的参数：内容（contents）、渠道（channel）和接收服务后接受者的状态改变（state change）（图3.7）。

此外，依据服务的主观性特性，下村将服务建模法进一步细化，提出了服务的三个子模型，分别是流程模型（flow model）、范围模型（scope model）和视域模型（view model）（图3.8）。在下村的服务模型中，人（person）作为服务最重要的组成元素也被分成三种类型：服务提供者、服务接收者和递送服务的中间代理商（intermediate agent）。下村模型最为突出的特点是通过服务接收者的状态改变来对服务价值进行评估。

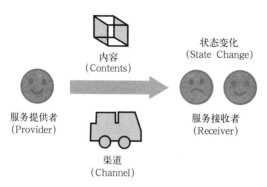

图 3.7 下村模型对服务的定义

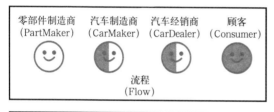

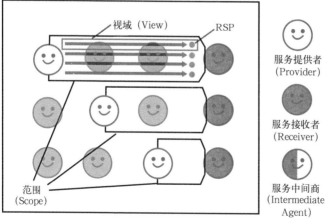

图 3.8 下村芳树定义服务的三个子模型：流程模型、
范围模型和视域模型

3.4.2 上田模型：服务价值创造

在现实世界，人工物（artifacts）、人类以及社会三者之间存在着非常紧密的联系并且共同组成一个系统。在这个系统中，人工物作为表演者（player）出现在特定的舞台上，这个舞台由人和环境所组成，这里的环境既包括自然环境也包括社会环境，是人类赖以生存的地方。人工物在这样的环境中经过加工制造，并经过市场的交换以及人的使用能够创造出价值。换句话说，价值是借助上述三个元素之间的相互作用被创造出来的。这一事实明显地既存在于产品之内也存在于服务之中。所以，从人工物价值创造的角度以一种综合的方式来理解产品和服务非常重要。

基于上述立场，学者上田完次认为，服务价值来源于行为主体（人）及其与行为环境之间的交互[51]，并根据服务提供者和服务接收者等人的因素与服务实现的具体操作环境之间的关系，将服务系统所进行的价值创造划分成三种类型（图 3.9），分别是提供型价值（providing values）、适应型价值（adaptive values）以及共创型价值（co-creative values）。

对于提供型价值而言，产品的价值以及服务提供者（生产者）和接收者（消费者）的价值可以单独确定，价值生产所需要的环境也可以提前决定，这样的系统是一个封闭系统，系统中产

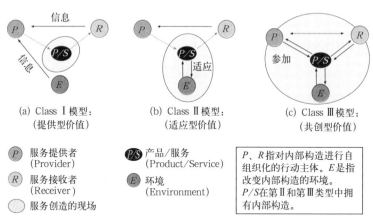

(a) Class Ⅰ模型：　　　　　(b) Class Ⅱ模型：　　　　(c) Class Ⅲ模型：
　（提供型价值）　　　　　　　（适应型价值）　　　　　　（共创型价值）

Ⓟ 服务提供者　　　　　　Ⓟ/Ⓢ 产品/服务
　（Provider）　　　　　　　　（Product/Service）

Ⓡ 服务接收者　　　　　　Ⓔ 环境
　（Receiver）　　　　　　　　（Environment）

⬭ 服务创造的现场

> P、R指对内部构造进行自
> 组织化的行动主体。E是指
> 改变内部构造的环境。
> P/S在第Ⅱ和第Ⅲ类型中拥
> 有内部构造。

图 3.9　上田完次模型：服务价值创造的三种类型

品或服务的创造需要详细地阐释和界定，系统的目标是寻求最优的解决方案。

对于适应型价值而言，不管环境如何变化，价值都能够被详细规范和界定，导致预测变得很困难，该模型是一个环境开放型系统。

与前两种价值类型不同，共创型价值中，产品价值、服务提供者和接收者的价值不能被单独决定，由于人的参与导致人与环境交互变得复杂，价值的共创成为一种期待。与传统有形商品不同，服务的本质决定了服务的价值不能脱离服务过程和承载服务的产品而创造。

上田模型中，三种类型的服务价值，本质上源于这样的事实，即设计具有综合性特征，本质上是一个创发过程（emergent process）。上田模型对价值创造的分类是基于设计师对产品存在环境的描述（规定）信息具有不完整性和不确定性这样的现实基础上。

一般而言，上田模型将产品纳入由产品本身、人以及产品和人发生交互的环境所组成的系统当中，并且从共创工学的角度讨论了服务的价值创造（共创）及服务的分类方法。

3.4.3 SD Logic模型：服务创新

就服务设计而言，古梅森（Gummesson）指出了三个关键维度：（1）交互（interaction）；（2）关系（relationship）；（3）网络（networking），并用这三个维度来描述服务提供系统的本质及相互间的差异性。[52] 事实上，该观点的重要前提是交互、关系和网络三个术语本质上包含两个公分母：行为者（actor）和交换（exchange）。尤其是"交互"维度被视作一种独特的交易（transaction），包含行为者和交互界面之间进行的信息、知识和资源的交换，由此形成了一个基本的"行为者—界面（actor-interface）"单元。"关系"维度包含一组这样的"交互"，它们之间彼此紧密联系，包括多个"行为者—界面（actor-interface）"单元。而"网络"维度则被看作一项包含"多行为者—界面（multi-actor-interface）"交换过程的活动。

　　考特拉（Cautela）仔细研究了服务设计的角色以及服务设计与新的服务主导逻辑下服务研究之间的联系，最终提出了联系不同服务逻辑的服务分类方法，以及与不同服务分类相对应的设计逻辑。[53]这种新的服务设计和创新框架将服务划分为三个不同的层次：

　　（1）符号／界面创新（code/interface innovation）；

　　（2）渠道创新（channel innovation）；

　　（3）商业系统创新（business system innovation）。

　　其划分依据是服务设计多学科努力的程度以及设计的保守程度（图 3.10）。考特拉称这种服务设计创新模型为服务设计逻辑模型（SD Logic：Service Design Logic）。

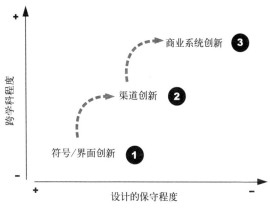

图 3.10　一个新的服务创新框架——SD Logic 模型 [53]

SD Logic 模型中，符号／界面创新是最基本的服务类型，该类型服务创新的基础是界面，设计的目标是确定代码（CODE）、符号（SIGNS）、标志（SYMBOLS）和语言（LANGUAGES）信息，这些信息能够辅助用户更好地与其他元素进行交互，此时设计师扮演的是翻译者（translator）的角色。例如，机场的登机服务（check-in service），其创新主要集中于登机手续的数字化、机械或数码设备控制的数字化方面，该类创新是技术进化驱动型创新。

对于以"关系"为中心的渠道创新来讲，设计关注的焦点在于服务渠道、各种规则和文化模型，以此来构建一个长期的、有效且令人满意的服务关系。此时的设计师扮演着关系使能者（relation enabler）的角色。拿银行服务来说，其关注的重点是构筑不同类型的客户服务渠道，诸如移动银行、家庭银行服务以及因特网银行服务等，此时设计的关键在于构建顾客和银行之间的新型关系模型。

而对于以"网络"为中心的服务系统创新来讲，设计的角色在于规划、设计工作网络或存在于其中的架构、形态和交换过程。此时，价值群、商业模式和过程交换是关注的焦点，而设计师扮演着系统架构者（system configurator）的角色。

由上可知，SD Logic 模型引入处于三个不同层面的服务簇

群 (service cluster) 来解释服务创新的本质，进而陈述了三个不同层面的设计及设计师的角色。尤其是随着设计活动和市场之间的关系越来越紧密，服务创新也将变得越来越复杂。

　　分析上述服务价值创造的三个典型模型可知，服务价值创造过程中存在着各种相互交织的因素，这一点非常明显，也很容易理解 (图 3.11)。其中，物 (日文称为 MONO) 和人之间的交互构成了服务价值创造的基本单元和基础。下村模型和上田模型的特点在于将研究重点放在服务 (事，日文发音 KOTO) 和物 (MONO) 之间的比较研究上，这些研究以服务的 IHIP 模型为基础，其目的是构建服务的价值创造模型。

　　不同的是，下村模型将研究的注意力放在与服务提供 (service provision) 相关的人的因素的状态改变方面，并从工学的角度致力于为服务价值创造开发相应的工具。上田模型则将 **"物·人 + 环境"** 纳入研究范畴，考虑环境对可持续服务产品系统的影响。与下村模型和上田模型形成鲜明对照的是，服务设计逻辑 (SD Logic) 模型则从市场营销的角度将服务进行分类，来阐明服务设计和服务创新之间存在的各种关系 (relationship)，并最终构建了一个新的服务价值创造框架。

　　服务产品系统背后隐含的逻辑是，消费者需要的并不是具体的产品，而是寻求由这些产品和服务提供的效用，尤其是通过

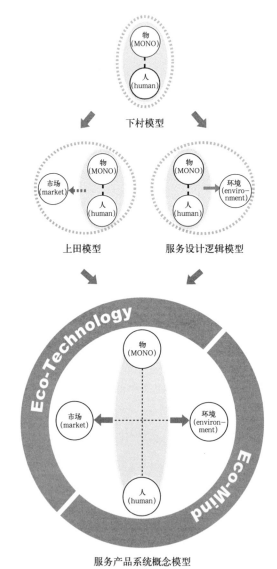

服务产品系统概念模型

图 3.11 作者在现有三个服务研究模型基础上提出的
服务产品系统研究框架

产品使用所获得的服务体验带来对产品的忠诚度和满足感。由图 3.11 可知，"物 – 人"交互是服务价值创造的基本单元。一个完整的服务产品系统本质上应包括四个基本组成要素：物、人、环境和市场。从系统的视角研究服务产品需综合考虑**"物·人·环境·市场"**四个要素，而生态技术（Eco-Technology）和生态思维（Eco-Mind）层面是实现服务产品系统可持续发展的两条重要途径。

3.5 服务设计的研究进展

服务设计的持续发展长期依赖于作为其主要母学科的设计理论和服务研究的进展情况。近年来，服务设计迎来了前所未有的发展机遇，正逐渐从特殊议题发展成为设计学界耀眼的年轻学科生命体。无意于夸大服务设计作为新学科所带来的社会影响力，这也是许多学者过去致力的工作。学者们都努力试图为服务设计寻找目标并且与各种设计传统之间建立联系，以帮助服务设计在服务研究中寻求立锥之地。尤其是随着设计思维在非学术界的应用普及，许多设计咨询公司争相进入服务领域，再加上学术界围绕这一新兴话题建立职业生涯的渴望，引发了围绕服务设计的炒作。如今这种炒作已经消退，学者如迪尔克·斯内尔德斯（Dirk Snelders）和费尔南多·塞科曼迪（Fernando Secomandi）开始就服务设计这一特别话题设定新的目标，即从最广泛意义上为服务创新研究中的设计研究奠定坚实的基础。

就服务设计而言，作为研究课题的服务设计显然早于作为一门学科的服务设计。服务文献中有关设计的学术讨论最早可以追溯到 20 世纪 70 年代末、80 年代初期和 90 年代中期，主要集中在市场营销和运营管理学科。其中设计相关的研究首先出现在针对新服务的发明、开发以及商业化过程当中。后来，随着服务研究的"觉醒"，服务设计研究不断扩展，逐渐涉足到其他以设计为中心的学科，包括工程和工业设计。这些以设计为核心的学科在战略设计、以用户为中心设计以及可持续设计领域的理论和方法研究方面取得了长足进步，经常涉及创新研究中的服务研究主题，推动着服务设计朝向成为一门独立学科的方向迈进。

就服务相关的研究而言，目前理论界重在围绕服务涉及的要素进行服务研究，如芬兰汉肯经济学院关系营销与服务管理研究中心（CERS）的学者从多个视角开展服务研究，对这些学者的高频被引用服务研究论文中出现频率最高的热点研究问题进行分析，可让我们一定程度上了解服务研究的现况。[54]

表 3.2 中出现的研究热词反映了 CERS 近 20 多年来服务研究重心的变化方向：即从关注作为企业发展的一项重要功能的市场营销学研究、消费者关系、企业品牌忠诚度以及服务质量的研究，转向不同市场逻辑的内涵分析、服务价值创造以及消费者如何参与市场价值共创的过程和方法研究。CERS 研究以服务

服务研究论文中抽取出的 31 个典型关键词及聚类特征分析

表 3.2

研究阶段	CERS 高被引服务研究论文中出现频率最高的核心研究主题		CERS 高被引服务研究论文中新出现的研究主题
1994-2004 年	市场营销 (marketing)，服务 (service, services)，关系 (relationship)，忠诚度 (loyalty)，质量 (quality)	市场营销 (marketing)，价值 (value)，关系 (relationship)，服务 (service)	营销传播 (market communication)，品牌构建 (branding)，可持续 (sustainability)，市场伦理 (ethical)，战略营销 (strategic marketing)
2005-2014 年	服务 (service)，价值 (value)，共创／创造 (co-creation, creation)，市场逻辑 (marketing logic)，顾客 (customer)		

为中心，研究的主题涉及市场营销、价值、关系和顾客等，近年来所关注的营销传播（market communication）、品牌构建（branding）、可持续性（sustainability）、战略营销（strategic marketing）以及市场伦理（ethical）等内容也反映了服务研究的新动向。

此外，学者也从服务产品的角度研究服务主导范式下服务的内涵，以及作为服务载体的产品的属性和设计方法。服务主导设计范式下的产品被称为服务产品（service products），与具体的服务（复数的 services）共同构成"仁品"（单数的 service），成

为系统层面"为服务而设计（design for service）"的服务系统的设计研究对象。[23] [55]

回顾目前服务研究的大致情况后发现，服务研究的重点在管理和市场营销领域，美国倾向于从科学、管理与工程等多学科融合的角度研究服务，欧洲更多地关注系统层面的产品、服务开发，日本则专注工学视野下的服务研究，并且服务研究的范围仍在不断扩大，近年来更是在工业设计领域掀起热潮，服务设计已然成为设计学科的前沿热点问题。

由于设计学自身交叉学科的综合性、复杂性特点，加上服务自身的无形性、抽象性和复杂性，导致服务设计几乎不能照搬传统设计领域的设计与研究方法，梳理设计相关研究可以为我们深入了解服务设计、探索适合服务设计的理论和方法提供条件。

3.5.1 服务研究在学术界

20 世纪末至 21 世纪初期是服务研究蓬勃发展并开始介入设计领域的关键时期，自此服务设计成为设计学前沿的研究热点，被设计学术界和产业界用来解决传统设计所带来的日益严重的社会、生态环境、消费者精神情感等领域的可持续发展问题。为深入了解服务研究在学术界的开展情况，作者前期选取 1998–2008 期间国际学者 52 篇代表性服务研究论文，抽取 31 个典型关键词

服务研究论文中抽取出的31个典型关键词及聚类特征分析

表3.3

簇群组	簇群组特征	关键词	簇群组	簇群组特征	关键词
A组	可持续性	可持续产品和服务	E组	元素	设计／服务管理
		生态设计			消费者服务体验设计
		产品服务系统（PSS）			服务交互
		产品服务解决方案	F组	过程	产品／服务开发
		环境可持续性			新服务产品开发
B组	生命周期工程	生命周期设计（LCD）			产品／服务／PSS设计过程
		生命周期工程（技术）			基于技术的服务（TBSs）
		产品生命周期方法	G组	方法	服务设计表现方法
		设计展览／指南			服务蓝图
		服务评价方法	H组	系统	服务概念
C组	服务工学	服务工学			服务商业模式开发
		服务场景建模			PSS设计／设计方法论
		服务要素／内容			PSS服务场景
D组	CAD建模	服务CAD模拟／系统			服务系统设计方法
		PSS／服务建模的CAD			服务系统创新（性能）
		生命周期服务模拟器			

（表3.3），采用数量化Ⅲ类和聚类分析方法勾勒了该阶段服务研究的基本情况和亟待解决的问题与方向。[22]

借助数量化Ⅲ类可得出31个关键词在1-2轴和1-3轴的散布情况，利用聚类分析进一步可知，这些关键词可以形成8个簇

为服务而设计（D4S）：范式转换下的设计新维度

群，每个簇群分别用"A－H"进行标记，可以得到 31 个关键词在图 3.12 和图 3.13 的平面散布图。

A 组包含的关键词反映出，该组的服务研究文献主要关注产品和服务的可持续设计，其研究目标是减少产品和服务对环境及生态可持续性的影响。例如，乔尔（Joore）引入系统创新的

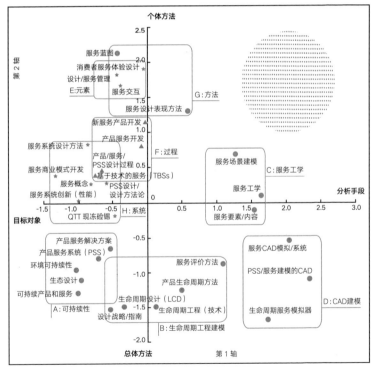

图 3.12　服务研究论文中抽取出的 31 个典型关键词在 1-2 轴的
散布图（1998-2008 年）

"V–Cycle" 模型，通过将更广泛的社会需求转化为具体的产品服务解决方案来解决不同层次社会系统的可持续发展问题。[56] 威廉姆斯（Williams）采用微型工厂零售（MFR：micro–factory retailing）概念，通过改变功能和系统水平上的工艺流程，来实现汽车的可持续性。[57] 因此 A 组研究的典型特征可以归纳为 "可持续性"。

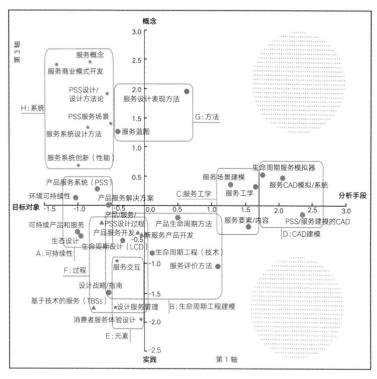

图 3.13　服务研究论文中抽取出的 31 个典型关键词在 1–3 轴的散布图（1998–2008 年）

B组关键词可概括为"生命周期工程"。该组文献主要采用生命周期领域的工学方法与工具来研究服务问题。例如，奥里奇（Aurich）和富克斯（Fuchs）依照技术服务对整个生命周期的潜在影响，同时考虑产品、程序和服务的信息维度，提出了新的服务设计程序。[58]

C组服务研究的特征可以概括为"服务工学"。该组文献显示，学者主要研究如何借助工学中常用的模型、方法和工具来开发服务系统。例如，下村提出用品质功能展开法（QFD：Quality Function Deployment）研究如何评价洗衣服务。[59]

D组文献主要涉及如何运用计算机辅助设计方法构建、开发服务产品或产品服务系统模型。例如，学者小本（Komoto）针对产品服务系统开发了集成化服务CAD与生命周期模拟器（ISCL：Integrated Service CAD and Life cycle simulator）辅助设计工具，为设计师进行产品服务系统设计提供帮助[60]，D组关键词显示该组文献研究的典型特征可归纳为CAD建模。

E组文献经抽取，研究特色可概括为要素，即该组文献侧重于对服务各要素进行具体研究。例如，学者Hara将服务要素分为一元品质（one-dimensional quality）、必须品质（must-be quality）和魅力品质（attractive quality）三种类型，进而引入期望理论（Prospect Theory）研究如何帮助设计师量化消费者的满意度。[61]

F组，其研究的关键词可以概括为"过程"，即该组文献主要针对产品或服务设计过程进行各种方法的开发研究。例如，希尔（Hill）从服务过程设计的角度论述了与四类服务运营设计主题相关联的研究概况和研究机会。[62]这四类服务运营设计分别是：（1）零售和电子零售服务过程设计；（2）包含排队和员工招聘的服务过程设计；（3）面向制造的服务设计；（4）服务过程的重新设计。

G组，其特征可归纳为"方法"。该组研究主要侧重于尝试开发诸如服务设计表达、服务评价和服务蓝图等各种研究方法。例如，比特纳（Bitner）展示了如何将服务蓝图整合成面向服务创新、质量改进、消费者体验设计以及围绕消费者进行战略改变的有效工具，并指出构建服务蓝图的第一步是清晰地说出有待规划的服务过程或其子过程。[63] H组研究的典型特征可归纳为"系统"，即从系统层面研究服务的开发途径和设计方法论。例如，蒙特（Mont）将服务系统描述为一个集成产品、服务、支撑网络和基础设施的系统，较之传统的商业模式，该服务系统更加具有竞争力，更能满足消费者的各项需求，且拥有更低水平的环境影响。[64]而威廉姆斯（Williams）则以汽车工业为例进行研究，指出了产品服务系统对服务创新的实际和潜在贡献。

由上述分析及 A–H 组关键词所组成的散布图可知（图 3.12，图 3.13），1 轴、2 轴和 3 轴由负极到正极坐标轴的含义分别可以概括为"目标对象→分析手段""总体方法→个体方法"和"实践→概念"。

图 3.12 中，1–2 轴组成的第一象限特征为"分析手段 – 个体方法"，该象限内分布有 C 组和 G 组，仅包含三个关键词，分别是服务设计表现方法、服务场景建模和服务工学。与这三个关键词相关联的研究主要包括：莫里（Morelli）[65] 提出系列方法来定义一个产品服务系统的行动者、构成系统的必要条件和系统的结构，并尝试通过"远程计算中心"（Tele Centra）项目开发出面向系统解决方案的"解决方案导向型伙伴关系（SOP）"方法。学者马（Ma）则通过尝试构建服务过程模型，提出了诸如汽油等服务产品的设计表现方法。[66] 此外，下村等学者从服务工学的角度提出服务建模的方法，讨论服务的主观性，增强服务的内容[67]，表达消费者和服务之间的交互[68]，拓展对服务案例的知识表达[69] 等。这些研究案例的共同特点均是运用工学的方法研究服务系统中具体的服务产品、服务接受者、服务元素及内容的设计与开发。

1–2 轴散布图第二象限，其特征可概括为"目标对象 – 个体方法"。在这个区域的服务研究中，服务设计的元素，如用户、产品，以及服务提供者、用户和服务产生环境之间的界面等元素受到学者的更多关注。例如，库克（Cook）利用服务遭遇（service encounter）工具研究服务系统中的人力资源时指出，隐含在人类交互行为中的基本行为科学原理可以用于服务设计。第二象限内，服务或产品服务系统（PSS）的过程设计也是学者普遍关注的研究对象。

　　1-2 轴散布图第三象限的特征为"目标对象－总体方法"，以可持续性为特征的 A 组和以生命周期工程为特征的 B 组部分关键词位于该象限。可持续性方面研究涉及可持续设计，对产品／服务、环境、生态及产品服务系统可持续等方面的研究。该象限表明，将可持续性和服务系统创新的生命周期纳入考虑范围，在系统层次寻找服务创新的整体设计方法是当前研究的主要内容。在以"分析手段——总体方法"为特征的第四象限内分布着 B 组和 D 组，这表明生命周期工程和 CAD 建模也是当前服务研究的重点，其目的是寻求系统层面的总体实现方法。基于同样的分析方法，由图 3.13 的散布图可知，1-3 轴方向的特征可分别归纳为"目标对象－分析手段"及"概念－实践"。

　　图 3.12 和图 3.13 清晰地展现了 1998-2008 年服务研究的现状，可知，学者们大多从服务工学的视角寻求与探索服务设计与研究的各种方法论和工具。然而，由于服务具有不同于产品的诸如无形性（intangibility）、易逝性（perishability）等特点，服务研究很难系统化进而形成方法论。因此，当前在系统层面几乎

没有合适的个体方法或工具来满足服务的开发与设计。这也是为什么图 3.12 第一象限和图 3.13 第二、第四象限存在大面积空白区域的原因，说明该区域所代表的服务领域目前尚缺乏足够的研究成果。换句话说，如果没有许多具体服务实践案例的积累，我们不容易发现服务实践的设计规则；很难开发出适合服务系统的系统性分析方法；不容易深刻、科学地理解与诠释抽象的服务概念；进而很难开发出面向具体服务实践的方法论和辅助设计工具。因此，从服务工学角度开发面向服务系统的多样化方法和工具将是进行服务设计与创新的可行道路。

另一方面，尽管绝大多数以具体产品为载体提供的服务越来越重视去物质化，然而作为服务系统重要组成元素的"产品"依然在服务系统中扮演着举足轻重的角色。如果没有可持续产品的开发，一定程度上服务系统的可持续性就不可能实现。尤其当前在没有相当数量服务产品设计与开发案例积累的情况下，从服务工学的角度，重新审视产品设计，构筑新的、适当的服务产品设计与开发的方法论和工具将使得服务系统更加可持续发展，服务研究结出更多的硕果。

3.5.2 服务设计在产业界

服务设计概念首先发轫于美国和西欧等发达经济体。1982年，《欧洲市场营销》（*European Journal of Marketing*）杂志刊发了美国银行家协会著名服务管理学专家 G. 林恩·肖斯塔克 (G. Lynn Shostack) 的一篇论文，题为《如何设计服务》(*How to Design a Service*)。1984 年，《哈佛商业评论》刊载了肖斯塔克 (Shostack) 另一篇题为《设计有价值的服务》(*Designing Service That Deliver*) 的论文，文中肖斯塔克首次提出了服务设计 (Service Design) 概念，以及作为服务设计有效方法的服务蓝图 (service blueprint) 概念。

服务设计被认为是过去 20 年中影响我们生活的最大力量之一，借助成功的服务设计许多成功企业走上了行业前台并影响着我们生活的方方面面，无论是购物、城市旅行、公共服务、医疗健康，还是现代制造等领域都在尝试运用服务设计的方法和理念，积极地将服务设计理念从概念转向实践，如爱彼迎民宿 (Airbnb)、英国线上零售商 ASOS、生理期内裤品牌 Thinx、盲人音频引导项目 Wayfindr 等，正以创造良好的用户体验成为各自服务细分行业的典型代表。

服务设计在理论研究和设计实践方面的快速发展，不仅丰富了设计领域的研究方向，也促进着包括服务业和制造业在内的产业的升级与蓬勃发展。因此，构建完善、科学、严谨的服务设计方法与理论体系已成为服务设计朝向学科迈进的重要任务之一。

参考文献

[1] （美）丹尼尔·贝尔著，高铦等译. 后工业社会的来临：对社会预测的一项探索［M］. 北京：新华出版社，1997.

[2] Chu Dongxiao. Development of Service & Product Design Based on Product Life Cycle Viewpoint: Consideration of Design Methodology to Maintain and/or Improve Product Value [M]. Wuhan: Wuhan University Press, 2014.

[3] 那一夫. 这也许是中国最重要的时间节点，但90%的人都没有注意到. 智谷趋势.

[4] （美）Thomas Lockwood 主编，李翠荣，李永春等译. 设计思维：整合创新、用户体验与品牌价值［M］. 北京：电子工业出版社，2012.

[5] 亚当·斯密. 国民财富的性质和原因的研究（上卷）［M］. 商务印书馆，1981：303.

[6] 马克思恩格斯全集（第26卷）［M］. 人民出版社，1979：435.

[7] 萨伊. 政治经济学概论［M］. 商务印书馆，1997：59.

[8] Hill, T.On Goods and Services[J]. Review of Income and Wealth, Series, 1977, 23: 315−338.

[9] 曾慧琴. 后工业社会服务经济的演进与利益摩擦［D］. 厦门：厦门大学，2009.

[10] Eiglier, P., Langeard, P. Marketing Consumer Services: New Insights Marketing Science Institute, Cambridge MA, 1977.

[11] Normann, R. Service management: strategy and leadership in service business, (3rd edn) Chichester; New York: Wiley, 2000: 234.

[12] Ramaswamy, R. Design and management of service processes, Engineering process improvement series, Addison−Wesley, Reading, MA, 1996, pxxvii.

[13] 楚東暁，小野健太，寺内文雄，渡辺誠，青木弘行. サービス・プロダクトデザインにおける価値共創について，デザイン学研究，

2010, 57（3）: 87-96.

[14] Naito, K. Service Engineering, university of Tokyo press, 25, 2009.

[15] Tomiyama, T. Service Engineering to Intensify Service Contents in Product Life Cycles, Proceedings of the 2nd International Symposium on Environmentally Conscious Design and Inverse Manufacturing (EcoDesign 2001), IEEE Computer Society: 613-618.

[16] Grönroos, Christian. Service Management and Marketing.Chichester: Wiley. 2000.

[17] Yoshikawa, H. Introduction to theory of service engineering: framework for theoretical study of service engineering, Synthesiology, 2008, 1: 2.

[18] Shimomura, Y., etc. Proposal of the Service Engineering (1st Report, Service Modeling Technique for the Service Engineering), the Japan Society of Mechanical Engineers, 2005, 71: 702.

[19] Takenaka, T., Naito, K., Ueda, K. Service Research Strategy toward Value Co-creation[J]. wInformation Processing Society of Japan, 2008, 49(4): 1539-1548.

[20] Vargo, SL., Lush, RF. Evolving to a New Dominant Logic for Marketing[J]. Journal of Marketing, 2004, 68:1-17.

[21] Vargo, SL., Lush, RF. Service-dominant Logic: Reactions, Reflections and Refinements, Marketing Theory, 2006, 6: 282.

[22] CHU, Dongxiao, TAUCHI, T., TERAUCHI, F., et al. Study on Current Situations of Service Engineering Research and Necessity of Product Value Creation[J]. Bulletin of Japanese Society for the Science of Design, 2009, 56(6): 65-72.

[23] 楚东晓. 服务设计研究中的几个关键问题分析 [J]. 包装工程, 2015, 36（16）: 111-116.

[24] 来源：和讯科技官方网站.

[25] Roberto, M., Alexis, P. Service Design:An Appraisal[J]. Design Management Review, 2008, 19(1): 10-19.

[26] Westkamper, E., Alting, L., Arndt, G. Life Cycle Management

and Assessment:Approaches and Visions towards Sustainable Manufacturing[C]. Annals of the CIRP, 49/2: 501−522.

[27] Cooka, MB., Bhamrab, TA., Lemonc, M. The transfer and application of Product Service Systems:from academia to UK manufacturing firms[J]. Journal of Cleaner Production(Elsevier Ltd), 2006, 14 (17): 1455−1465.

[28] Cees Van Halen, Carlo Vezzoli, Robert Wimmer. Methodology for Product Service System Innovation[M]. Assen: Uitgeverij Van Gorcum, 2005: 21.

[29] Tukker, A., Tischner, U. Product−services as a research field: past, present and future: Reflections from a decade of research[J]. Journal of Cleaner Production, 2006, 14: 1552−1556.

[30] Sawhney, M., Balasubramanian, S., Krishnan, V.Creating Growth with Services[J]. MIT Sloan Management Review, 2004: 34−43.

[31] Bates, K., Bates, H., Johnston, R. Linking Service to Profit: The Business Case for Service Excellence[J]. International Journal of Service Industry Management, 2003, 14(2): 173−184; and R Olivia and R Kallenberg, Managing the Transition from Products to Services: 160−172.

[32] Mont, O. Sustainable Services Systems(3S): Transition towards sustainability?[C]//Towards Sustainable Product Design, 6th International Conference, October 2001, Amsterdam, The Netherlands. Centre for Sustainable Design. 2001.

[33] Cope, B., Kalantzis, D.Print and Electronic Text Convergence: technology drivers across the book production supply chain, from creator to consumer. Common Ground Publishing Pty Ltd, 2001: 19.

[34] Cook, M.Understanding the potential opportunities provided by service−orientated concepts to improve resource productivity.in Tracy Bhamra, Bernard Hon. Design and Manufacture for Sustainable Development. 2004. John Wiley and Sons: 125.

[35] 卡洛·维佐里（Carlo Vezzoli），辛迪·科塔拉（Cindy Kohtala），安穆利特·斯里尼瓦桑（Amrit Srinivasan）. 可持续产品服务系统设

计. Greenleaf Publishing Limited，2014：25.

[36] White, AL., Stoughton, M., Feng, L. Servicizing: The Quiet Transition to Extended Product Responsibility. U. S. Environmental Protection Agency Office of Solid Waste, 1999.

[37] Bullinger, HJ., F. Ahnrich, KP., Meiren, T. Service engineering−methodical development of new service products. Int. J. Production Economics. 2003, 85: 275−287.

[38] Yang, X., Moore, P., Pu, J−S., Wong, C−B. A Methodology for Realizing Product Service Systems for Consumer Products[J]. Computers& Industrial Engineering, 2008.

[39] Ganz, W., Meiren, T. Co−Design of Products and Services, Proceedings of SusProNet Conference on Product Service Systems: Practical Value, 3&4, Brussels, Belgium, 2004: 21−22.

[40] Tomiyama, T., Medland, AJ., Vergeest, J. S. M. Knowledge intensive engineering towards sustainable products with high knowledge and service contents, TMCE 2000, Third International Symposium on Tools and Methods of Competitive Engineering, April: 18−20, Delft University Press, Delft, the Netherlands: 55−67.

[41] Tomiyama, T.Service CAD, proceedings of 1st SusProNet Conference, Amsterdam, 2003: 5−6.

[42] Fitzsimmons, JA., Fitzsimmons, MJ. New Service Development:Creating Memorable Experiences, Sage Publications, Inc., 2455 Teller Road, Thousand Oaks, California, 91320.

[43] Prahalad, CK. and Bettis, RA. The dominant logic: a new linkage between diversity and performance[J]. Strategic Management Journal, 1986, 7(6): 485−501.

[44] Vargo, SL., Maglio, PP., Akaka, MA.On Value and Value Co−creation: A Service Systems and Service Logic Perspective[J]. European Management Journal, 2008, 24: 145−152.

[45] Grönroos, C. Adopting a service logic for marketing[J]. Marketing

theory, 2006, 6(3): 317-333.

[46] Edvardsson, B., Gustafsson, A., Roos, I. Service portraits in service research:a critical review[J]. International journal of service industry management, 2005, 16(1): 107-121.

[47] Grönroos, C. Service logic revisited: who creates value? And who co-creates?[J]. European business review, 2008, 20(4): 298-314.

[48] 楚东晓. 设计创新语境中的服务设计研究，发表在：王国胜主编，[德] Birgit Mager 荣誉主编. 触点：服务设计的全球语境. 中国工信出版集团 & 人民邮电出版社. 2016. 12：269-278.

[49] Heinonen, K., Strandvik, T. Customer-dominant logic: foundations and implications[J]. Journal of Services Marketing, 2015, 29, (6/7): 472-484.

[50] Shimomura, Y., etc. Proposal of the Service Engineering (1st Report, Service Modeling Technique for the Service Engineering), the Japan Society of Mechanical Engineers, 2005, 71: 702.

[51] Ueda, K., Takenaka, T., Fujita, K. Toward value co-creation in manufacturing and servicing[J]. CIRP Journal of Manufacturing Science and Technology, 2008, 1: 53-58.

[52] Gummesson, E. Exit Services Marketing Enter Service Marketing[J]. The Journal of Customer Behaviour, 2007, 6(2): 113-141.

[53] Cautela, C., Rizzo, F., Zurlo, F. Service Design Logic-An Approach Based on Different Service Categories[C]. Proceedings of IASDR, Seoul, Korea, 2009.

[54] GUMMERUS, J., KOSKULL, CV. (edited). The Essence of the Nordic School[J]. The Nordic School, Service Marketing and Management for the Future, 2015: 17-19.

[55] 楚东晓，楚雪曼. 从造物之美到造义之变的服务产品设计研究[J]. 包装工程，2017，38（10）：37-41.

[56] Joore, P. The V-Cycle for system innovation translating a broad societal need into concrete product service solutions-the multifunctional centre Apeldoorn case. Journal of Cleaner Production, 2008, 16: 1153-1162.

[57] Williams, A. Product—service systems in the automotive industry—the case of micro—factory retailing[J]. Journal of Cleaner Production, 2006, 14: 172—184.

[58] Aurich, JC., Fuchs, C. An Approach to Life Cycle Oriented Technical Service Design[J]. CIRP Annals—Manufacturing Technology, 2004, 53(1): 151—154.

[59] Shimomura, Y., Hara, T., Arai, T. A service evaluation method using mathematical methodologies[J]. CIRP Annals—Manufacturing Technology, 2008, 57: 437—440.

[60] Komoto, H., Tomiyama, T. Integration of a service CAD and a life cycle simulator[J]. CIRP Annals—Manufacturing Technology, 2008, 57: 9—12.

[61] Hara, T. An evaluation method of services from the viewpoint of customers based on the prospective theory[J]. The Japan Society of Mechanical Engineers, 2006, 16: 88—89.

[62] Hill, AV., Collier, David A. Research opportunities in service process design[J]. Journal of Operations Management, 2002, 20: 189—202.

[63] Bitner, MJ., Ostrom, AL., Morgan, FN. Service Blueprint: A Practical Tool for Service Innovation, Center for Services Leadership, Arizona State University Working Paper, 2007.

[64] Mont, O. Clarifying the concept of product—service system[J]. Journal of Cleaner Production, 2002, 10: 237—245.

[65] Morelli, N. Developing new product service systems (PSS): methodologies and operational tools[J]. Journal of Cleaner Production, 2006, 14: 1495—1501.

[66] Ma, QH., Tseng, MM., Yen, B.A generic model and design representation technique of service products.Technovation, 2002, 22: 15—39.

[67] Shimomura, Y., Tomiyama, T. 2213 Methodology of Research into Artifacts (21th Report): Service Modeling for the Service Engineering. The Japanese Society of Mechanical Engineers, 2002, 12: 271—274.

[68] Hara, T., Arai, T., Shimomura, Y. 2301 Representation Method for

Interactions between Customer and Service. The Japanese Society of Mechanical Engineers, 2006, 16: 200-203.

[69] Suzuki, R., Shimomura, Y., Hara, T., Arai, T. 2302 Extension of Knowledge Representation Scheme for Service Modeling. The Japanese Society of Mechanical Engineers, 2006, 16: 204-205.

第4章
为服务而设计（D4S）

服务设计的方法

4

第4章
为服务而设计（D4S）：
服务设计的方法

在谈论设计和服务创新时，我们越来越强调认知过程在设计方法研究方面的重要性。然而，过于强调认知可能导致不能清晰确定服务创新所必需的变革触发因素。学者卡塔琳娜·维特尔－埃德曼（Katarina Wetter-Edman）认为[1]，设计方法是审美破坏，是一种挑战行动者现有假设的感官体验，使用设计方法可能会破坏参与行动者的习惯行为的稳定性，帮助他们摆脱现有机构并为服务创新作出贡献。

自 20 世纪 50 年代后期以来，设计方法包括各种改变理想方向的方法，在设计领域发挥了重要作用。在过去十年中，由于设计思维的普及，对设计方法的兴趣已经超越了设计领域。随着服务经济的兴起，设计方法越来越多地被定位为实现服务创新的有效手段。这种日益增长的兴趣与用于服务创新的大量设计方法的积累和发展相对应。

服务设计中重要的常用方法包括：设计思维、服务蓝图、服务系统图、用户旅程图、AT-ONE 触点卡、原型设计、角色扮演、价值机会分析（VOA）、绘图和建模以及语境访谈法等。在许多工具包和方法书籍中，甚至在学术文献中，重点倾向于阐明每种设计方法的独特功能，例如识别客户体验的洞见或支持新的服务开发。越来越多的组织开始将对设计方法的投资作为取得服务创新的重要手段。本章介绍几种常用的服务设计创新方法：设计思维，服务蓝图和服务系统图。

4.1 设计思维（Design Thinking）

21 世纪是人人设计的时代，文化和技术变革催生了新的设计语境和实践模式。设计关注的对象从产品、功能性和符号学意义，向设计与用户之间可持续关系、抽象和有生命力材料转变。这都给现有设计过程在相关性、效率和可译性对话方面带来了新的思考和挑战。[2]

设计师擅长综合考虑各种复杂因素，从复杂的系统中探求特别意义，找出焦点问题，并提出创新性的最优解决方案。传统思维模式，一般是从现在到未来，围绕现存问题寻找解决方案，这种做法是打补丁模式，容易导致"头痛医头，脚痛医脚"，可能因考虑不周而产生更多新的问题；而设计思维则是面向未来，系统聚焦各种创新可能性，建造未来创造力的思维模式。

通常，商业思维注重逻辑推理、业务分析、找到瓶颈并解决问题，是一种左脑思维，现状和问题导向。而设计思维则强调创新和未来，专注挑战现状，从终端客户的期望出发，创造新的需求点，围绕创新业务概念来设计未来的业务模式，利用创新实践和独特的观点超越客户期望，是一种右脑思维、目标导向，强调通过包括逻辑推理在内的创新想法来解决客户尚未想到的解决方案。因此，设计思维是一种系统的创新思维方式。

设计思维是解决系统性挑战的工具。互联网的崛起催生了一个系统化、全链路链接的、分布式网站型社会结构。设计思维本质上是以人为中心的创新过程，它强调观察、协作、快速学习、想法视觉化、快速概念原型化，以及并行商业分析，这最终会影响到创新和商业战略。[3] 设计思维的目标是使消费者、设计者和商业人士均参与到一个统一的流程里，这个流程可以适用于产品、服务甚至商业体验。设计思维更像是一种创新和设计实现的方法论。

2018 年，《商学院》杂志报道指出，这个世界正变得越来越复杂，人工智能、物联网、大数据等技术的高度发展改变了人们的生活、创业条件和创业环境，帮助人们去厘清复杂，但最终帮助人类应对复杂、带领人类进入澄明之境的仍应是人类自身所具备的应对复杂的思维能力。设计思维不但能够担此重任，也能在具体的商业竞争中帮助企业领导者：（1）发现自身的创造力，学以致用，推动企业的发展；（2）知行合一，将理论知识结合实践，与企业内部成员共同学习，推动企业创新；（3）既能专注具体产品的迭代开发，又能帮助凝练企业品牌理念，树立全新的设计价值观和服务社会的包容意识。

商业成功涉及更多的复杂因素，创新与创业的发展需要打破传统的线性思维模式和观念，设计教育发展到了从设计向设计思维变迁的发展阶段。设计思维融合设计学、心理学、社会学、管理及营销科学等相关学科知识，结合文科的感性思维与理科的逻辑性思维，聚焦问题的核心。现今社会中唯一确定的事情就是不确定，设计思维是一种可以帮助我们在不确定时代快速找到出路的科学方法。

清华大学美术学院蔡军教授说，设计思维不是帮助我们在现成的世界寻找答案，而是帮助人们创造全新的解决方案。设计思维是帮助众多创新创业者在商业竞争中降低风险、提高竞争力的制胜武器。尽管设计思维这个词汇意味着一种认知方法，但是这一领域的大多数实证研究都是关于特定设计工具的使用和应用，而非设计师的潜在认知过程，设计师的潜在认知过程属于另外一个独立的研究领域：设计认知的研究对象。

作为一种创新思维方法，设计思维已经赢得了许多学科的认可。在设计研究领域，它的存在至少有 40 年历史。在非设计领域，设计思维普遍被认为是解决"棘手"问题的有效策略。1991年，设计思维国际学术研讨会（Design Thinking Research Symposium，DTRS）开启了设计思维的学术议题，正式走上学术研究的前台。IDEO 提倡的设计思维工作集也开启了更多可能性，作为一种创新的设计范式，设计思维被广泛应用于解决商业、医疗健康、教育等领域的问题。[4]

一方面，设计思维的应用领域不断扩大，正雄心勃勃地向着成为新学科的方向发展。另一方面学术界对于设计思维的理解视角各异，观点繁多，尚未形成统一的规律性认识，设计思维有许多概念需要厘清，仍需大量跨领域的设计实践来验证和优化。在此背景下，回顾、梳理设计思维研究的现状与进展，清晰设计思维的未来方向十分必要。

4.1.1 设计思维的定义

设计思维，英文是"Design Thinking"，也常译为设计思考，是设计过程的核心。设计思维研究可以揭示成功产生设计产物的思维过程，有助于增加对设计内部运作规律的理解，处理不同问题，来创造出更多价值。国内外学者从不同维度对设计思维进行定义，探讨设计思维的范畴。IDEO 总裁兼 CEO 蒂姆·布朗（Tim Brown）将设计思维定义为一种以人为中心的创新方法，设计思维从设计师的方法和工具中汲取灵感，能够整合人的需求、技术的可能性以及实现商业成功所需的各种条件，促进企业创新，进而最大限度地提高用户体验，为产品增值。

根据蒂姆·布朗的观点，可以将设计思维理解为一种体系，它运用设计师的感知和方法去探求人的需求，使技术具有可行性，使商业能够转换为消费者价值和市场机会。设计思维本质上是通过设计师式的思考模式和方法，去探索未知的、能够创新的、能够突破和打破我们思维惯性的一个非常重要的方法论和思考途径。

设计思维定义广泛，从逻辑上看，不同的设计理论范式对设计思维有不同的划分标志。由表 4.1 可知，学术界对设计思维的理解可以划分成三种类型：（1）设计思维是设计师解决问题的一种认知方式；（2）设计思维是一种通用的设计理论；（3）设计思维是企业创新的组织资源，专注于解决复杂、棘手问题的学科领域。[5] 而学者约翰松·舍尔德贝里（Johansson Sköldberg）将设计思维当做设计师理解设计实践任务的工具，视设计思维为非设计师寻求灵感来源的思维方式。[6]

设计思维作为一个以人为本、具备普遍适用性及跨学科、跨领域的方法，是一种能够提供问题的有效解决方案、并以多种方

设计思维的三种类型 [27]　　　　表 4.1

	作为认知方式的设计思维	作为通用设计理论的设计思维	作为组织资源的设计思维
关注焦点	个体设计师，尤其是专家	作为一个领域或一门学问的设计	急需创新的商业和其他组织
设计目的	解决问题	处理棘手问题	创新
关键概念	设计能力是一种智力，在行动中反思，归纳思维	设计自身并没有什么特殊的主题	可视化、原型、移情、整合思维、归纳思维
设计问题的本质	结构不良，问题和解决方案共同演化	棘手问题	组织问题即是设计问题
设计知识和活动的应用场所	传统的设计学科	"符号→动态→物体→环境"所构成的四层次设计秩序	从医疗健康到获得清洁水的任何环境

式激发创新思维的工具。[7] 设计思维的定义是一个不断演化、发展的过程，从认知理论和目的对象演化的视角理解设计思维主要有三种方式：作为思维方式，作为解决问题的方式，作为创新方式。

1. 设计思维是一种思维方式

20 世纪 60 年代是设计思维和认知科学发展历程中重要的阶段，巴克敏斯特·富勒（Buckminister Fuller）创建了跨学科设计团队来解决系统故障，将科学原理有效地应用于整体的环境设计。而 60 年代后期，赫伯特·A. 西蒙（Herbert A. Simon）率先提出设计科学，认为设计是一种思维方式，设计关注于事物的创造，其他学科只是处理已经存在的事物。[8]奈杰尔·克罗斯（Nigel Cross）提出设计思维是不同领域的设计师开展设计工作的认知思维方式，而认知能力是人类与生俱来的，设计教育应成为基础教育的重要支撑学科。[9]

设计思维是关于设计师非语言能力的理论思考。斯坦福大学罗尔夫·法斯特（Rolf Faste）将设计思维扩展成创意活动的一种方式。[10]作为最早关于设计思维的描述，哈佛设计学院院长彼得·罗（Peter Rowe）将设计思维定义为建筑和城市规划中的设计方法论。[11]认知心理学和认知科学的新领域被视为促进设计师思维的途径，唐纳德·舍恩（Donald Schön）认为设计师要进行自我反思，从实践者变成研究者，将设计活动定义为运用科学理论和技术来解决问题的过程，并向研究人员和实践者提出挑战，要求他们重新考虑技术知识与艺术在培养专业水平方面的作用。[12]设计是一个创造性很强的活动，其思维过程是一个形象思维和抽象思维综合作用的结果。

2. 设计思维是解决多学科棘手问题的方式

1973 年，霍斯特·里特尔（Horst Rittel）和麦尔文·M.韦伯（Melvin M. Webber）首次提出"设计是对棘手问题的关注与探索"，并关注设计中人类的经验和感知。[13] 1992 年，理查德·布坎南（Richard Buchanan）提出通过塑造设计情境的"工具"，识别所有参与者的观点、问题，以及对探索和发展进行有效的假设，来处理棘手问题[14]，他的研究也成为设计思维话语的基础性参考。

1985 年，维克多·帕帕奈克（Victor Papanek）提出，设计是一种创新的、具有高度创造性的跨学科工具，目标是满足人类需求并对社会和生态负责。[15] 布莱恩·劳森（Brain Lawson）明确提出"设计思维"的概念，认为设计和设计师式思维是一种推理、理解事物的方式，设计思维实质上是理性的学科，是一种设计者学习后更擅长于设计的技巧。[16][17] 怀兰（Wylan）则认为设计思维是一种循环训练，设计师在理解问题后进行场景选择。[18] 作为解决棘手问题的设计思维在研究中呈现出普遍适用性和跨学科特性。

3．设计思维是以人为中心的创新方式

1980–1990 年，设计思维开始应用于商业领域。斯坦福大学引入设计思维解决商业管理领域问题。IDEO 创始人蒂姆·布朗（Tim Brown）认为设计思维是一种平衡可行性、耐用性及可取性的方法论[19]，主要以多学科团队合作为基础进行以人为本的全方位创新设计。[20] 在 IDEO 的推动下设计思维获得了广泛认可。设计思维在商业领域找到了立足点，用设计思维获得创造力已经成为商业组织机构成功的关键因素。

简·富尔顿·舒里（Jane Fulton Suri）认为，设计思维是

通过反复的假设和实验来揭示人类自身行为经验以及复杂环境里面的未知，这既能激发人新奇的想象力，又能引导出潜在的直觉。[21] 阿利斯泰尔·福阿德－卢克（Alistair Fuad-Luke）提出设计的真正力量在于专业人士和非专业人士能够以惊人的创意方式进行共同设计。[22] 2007 年，管理学者罗杰·马丁（Roger Martin）提出，设计思维是解决组织不确定性问题的一种途径，也是实践管理者必备的技能 [23]，罗杰将设计思维描述为一种平衡新知识（创新）探索以及当前知识（效率）开发的方式，极大提升了设计思维在非设计学科的关注度。

克劳斯·克里彭多夫（Klaus Krippendorff）提出设计是赋予事物意义的过程。[24] 学者罗伯托·维甘蒂（Roberto Verganti）则认为设计驱动创新不同于技术驱动创新和市场驱动创新，其本质上是一种意义创新，他从心理和文化层面解释了产品意义，并构建了意义创新战略。[25] 埃齐奥·曼齐尼（Ezio Manzini）提出创新设计须通过激活、维持和引导社会变革过程来走向可持续性。[26]

然而针对设计思维也存在不同的声音和质疑。首先，有多少学者基于思维和认知之间的二元论及其在世界上的行动来理解设计思维？其次，广义的设计思维忽略了设计师实践和制度的多样性。第三，设计思维是如何建立在将设计师作为设计主体的设计理论之上的。

4.1.2　设计思维的类型

学者露西·金贝尔（Lucy Kimbell）将设计思维划分为三种类型（表 4.1）。[27] 设计思维不仅仅关注技术对设计的影响，同时也会关注商业和人的需求，设计思维的提出与整个社会的系统性密切相关。谷歌、微软设计师认为：未来大部分机构和组织都将以设计思维为主导来应对复杂的问题和挑战，其关键是如何将这个有理性和创造性的思维模式普及化。

学界对设计思维的研究存在五种不同的观点。[28] 由表 4.2 可知，西蒙认为人工物是设计的核心。而克里彭多夫则认为意义是设计过程的核心，人工物则是传达意义的媒介。西蒙提倡设计科学（design science）的概念，主张设计是一种明确组织的，拥有合理且完整、系统的设计方法，设计不仅仅是对人工物相关的科学知识的应用，而且某种意义上设计本身就是一种科学活动。克罗斯（Cross）则主张用设计的科学（science of design）来精确表达设计实践、设计师、设计机构、美学传统以及特定的设计历史等概念。

从语义学角度，克里彭多夫则主张面向设计的科学（science for design）这一说法，认为设计是对成功的设计实践、设计方法和课程描述进行系统整合的集大成，无论是抽象的、还是在编码化和理论化方面，设计在设计领域所进行的持续不断的陈述和评价相当于是对设计职业的一种自我反思性再复制。

设计思维的五种观点及其内涵[28]　　　　表 4.2

倡导者	背景层面	认识论层面	核心概念	本质内涵
西蒙（Simon）	经济学 & 政治学	理性主义	人工物的科学	合理、系统地研究设计
舍恩（Schön）	哲学 & 音乐	实用主义	行动的反思	创建单一的基于实践的方法
布坎南（Buchanan）	艺术史	后现代主义	棘手问题	创建单一的基于实践的方法
劳森 & 克罗斯（Lawson & Cross）	设计 & 建筑学	实践观点	设计师式认知方式	创建单一的基于实践的方法
克里彭多夫（Krippendorff）	哲学 & 语义学	解释学（诠释学）	创造意义	解释学方式下的造义

西蒙式设计思维的本质是合理、系统地研究设计。舍恩、布坎南、劳森和克罗斯所主张的设计思维框架，本质上是创建一种基于实践的方法，并将"设计思维"付诸实践。而克里彭多夫则主张设计本质上是解释学方式下的造义。

舍恩、布坎南、劳森和克罗斯进一步从理论聚焦层面将基于实践的设计思维方法划分成三种类型，分别是：（1）舍恩从客观立场出发，研究设计师对实践中所遇到问题的反思，并对实践进行理论分析；（2）布坎南研究问题自身的本质，以及设计师如何运用配置这一工具凭直觉或有意识地塑造设计问题；（3）而劳森和克罗斯基于经验研究设计实践，重点放在研究设计师的特定意识和能力方面（表 4.2）。

4.1.3　设计思维的范畴与问题

设计思维的范畴

国外学者对于设计思维的研究主要以理论体系和实践方法研究为主。1991 年以来，历届设计思维系列研讨会 DTRS 会议都有探讨如何构建完整的设计思维理论体系。每届会议虽然主题不同，但都以经验为基础，使用溯因过程来理解和归纳观察结果，找到建立在实践经验基础上并可以通过实际例子加以描述的模式来理解设计思维；探讨广泛社会背景下的设计研究，关注研究过程中的活动与外部发生的结果，开发设计思维的多学科应用；研究设计思维在商业、工业、教育、社会服务以及其他领域的作用，以及设计思维在其他领域学科中实际应用的方法和策略。[29]

针对设计思维的不同应用情景，不断加入新元素，设计思维过程、可视化范围以及工具集也不断优化。斯坦福大学设计学院（Design School）在设计思维教育中提出"同理心→定义→构思→原型→测试 + 视觉化思考 + 社会化思考"的设计思维过程模型。

IDEO 在整个创新循环中强调跨学科团队合作的重要性，为不同学科背景的设计思维使用者提出"灵感→构思→实施"的三层次设计思维模型，并发布了一套涵盖学习、观察、询问等方法的设计工具包。

希瑟·弗拉泽（Heather Fraser）为商业创新提出了"移情和深刻的人类理解→概念可视化→战略性商业设计"的三层次"设计齿轮"法。[30] 利兹·桑德斯（Liz Sanders）则为设计研究过程产生兴趣的人提出"Say → Do → Make"理论方法以及其他设计思维实用指南。[31]

随着设计思维的不断发展，国内学术界结合本土实际在设计思维研究上取得了一系列丰硕成果。潘云鹤[32] 关注设计思维模式，通过"设计关于形状的方案设计"的思维过程类型和模式实验，研究设计要求、设计者知识、和设计结果之间的关系。庄越挺[33] 则对设计思维认知方式进行探究，通过分析设计思维，模拟设计过程中的非逻辑过程，发现设计思维有三个方法，即约束满足法、原型法与基于事例法。

尹碧菊、李彦[34] 等学者指出，设计思维的理论研究范畴有三个：（1）设计思维的内在规律，即设计思维理论基础和模型构建，基于构造主义和实证主义的原理研究；（2）设计思维的外在表现，以认知实验等手段和方法探测草图等设计思维外在表现的特征和结构；（3）设计思维的影响因素，即知识经验、设计激励、设计工具等对设计思维的影响。

在此基础上，李彦等[35] 继续从创新价值角度就设计思维进行综述性探究，从设计思维的内涵、设计思维的实施过程、设计思维方法和工具的应用情况等方面论述了设计思维的研究现状。可以看出，设计思维的研究范畴呈现出从本源研究向应用实践不断扩展的同时，也暴露出一些问题。

设计思维的问题

设计思维被视为通俗化、人性化的设计师思维。随着设计思维的使用门槛越来越低，通俗化应用中逐渐暴露出复杂性。学者吉纳维芙·莫斯利（Genevieve Mosely）研究设计思维和设计能力之间的关系时发现，不同能力水平的使用者所能够掌握的设计思维类型不同[36]，这就导致如果使用者对设计思维缺乏深入了解，输出的最终解决方案可能不理想。

近年来的研究表明，并非所有的设计思维项目都是成功的。[37]作为一个高度依赖具体使用场景的工具，设计思维依靠逻辑的相互作用方式，把不同背景的参与者引入到设计过程中来解决系统问题。

在应对创新挑战的设计思维项目中，成员对于设计思维的理解和运用是基于经验的学习，而设计思维中的团队合作，会由于团队成员的设计思维能力参差不齐而导致设计思维不能被有效使用，从而导致合作项目失败，设计思维工具也就在一定程度上被不同标准所限制。有学者认为设计思维面临着"创新者的窘境"，IDEO 具有划时代意义的第 1 代产品，大多是研发性质，但随着越来越多创新性产品的出现，最初所开发的产品已经不再具备竞争优势。[38]

目前设计思维的研究内容主要集中于行为、现象与结果的描述，缺乏内在原因与实证应用的研究。其研究成果大多是零散的理论片段和模型，缺乏系统整合与大量跨领域的设计实践来验证和优化。设计思维已有的实证研究主要是从设计者的角度出发，带有较强的主观性、经验性与抽象性，缺乏定量化科学研究实证。

4.1.4 设计思维的现状

为了对设计思维的研究有一个系统的认识，利用谷歌学术（google scholar）和科学指南（sciencedirect.com）等工具和网站，搜集近年来国际学者有关设计思维的研究论文 58 篇，从中抽取出 34 个核心关键词，并运用数量化Ⅲ类和聚类分析方法，分析设计思维研究的进展和趋势。

数量化Ⅲ类是日本学者开发的、能够明确并把握变量之间相关性的一种分析方法，其核心是调查众多数量的变量之间的相互关联性，通过将众多变量降维，进而发现能够描述这些变量的新的共通要因，以达到一定程度定量化剖析变量之间的潜在关联性及其规律的目的。

由分析过程可知，前三轴的累积寄与率已达到了 25.59%，说明 34 个关键词之间的相关性比较明显（表 4.3）。对这些关键词所代表的空间点进行数据可视化可得出 34 个关键词在 1—2 轴的散点分布图（图 4.1）。基于聚类分析，可将 34 个关键词划分成 G1—G4 四个群组（图 4.2）。

结合图 4.1 和图 4.2 可知，G1 组中出现频率最高的关键词是设计认知 (design cognition) 和认知理论／认知科学／具身认知 (cognition theory/science/embodied)，该组关键词所对应的论文主要从认知科学和认知理论的角度研究设计思维过程。如学者维甘蒂 (Verganti) 将设计思维视为一种认知方式，认为设计思维能够促进认知理论的发展，并将认知理论引入到设计实践当中，设计学领域趋向于用管理学科擅长的思维分析方式研究和应用设计思维。[39] 学者奈杰尔·克罗斯 (Nigel Cross) 把设计思维视为人类认知的一个重要领域，分析了历届设计思维国际学术研讨会 (DTRS) 的会议主题，指出 DTR 组织者们事实上已经创立了一个国际"隐形的设计思维学院"来促进设计思维的可持续研究。[40] 艾利森 (Allison) 等学者认为，设计思维不是一个线性的过程，管理者不能用高度结构化的步骤指导团队创新，只有关注创新中的认知陷阱及相应对策的时机和方式才有可能产生真正的突破性创新。[41] 学者林德高 (Lindgaard) 和韦西利乌斯 (Wesselius) 认为设计思维应当归属于认知科学，尤其是隐喻理论和具身认知。[42]

为服务而设计（D4S）：范式转换下的设计新维度

抽取出的 34 个关键词在前 5 轴的累积寄与率　　表 4.3

	固有值	寄与率	累计寄与率	相关系数
第 1 轴	0.4829	9.68%	9.68%	0.6949
第 2 轴	0.4164	8.35%	18.02%	0.6453
第 3 轴	0.3778	7.57%	25.59%	0.6147
第 4 轴	0.3220	6.45%	32.05%	0.5675
第 5 轴	0.3124	6.26%	38.31%	0.5589

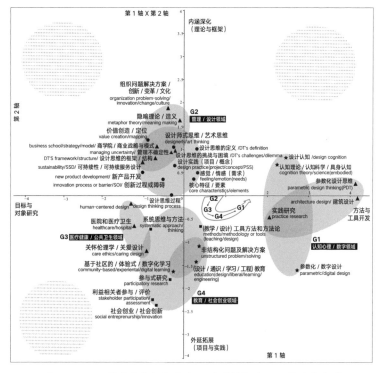

图 4.1　从 58 篇论文中抽取出的 34 个关键词在 1-2 轴的散布图

146

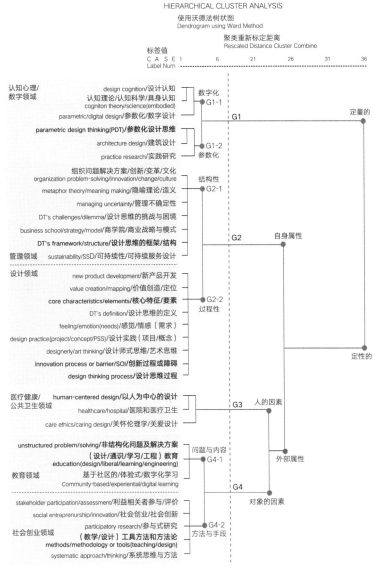

图 4.2　从 58 篇论文中抽取出的 34 个关键词的树状聚类分析

加布里埃拉（Gabriela）则进一步指出设计思维不仅仅是一种设计方法，它离不开研究人的情感。[43]学者奥克斯曼（Oxman）则对参数化设计思维（PDT：Parametric Design Thinking）的核心概念及其理论与设计实践中的内在关系进行定义和规划，倡导理解参数化设计思维中不同形式的设计思维之间的关系。[44]布善（Bhooshan）则以扎哈·哈迪德建筑事务所的建筑设计实践为例，探讨建筑设计中参数化设计的有效解决方案，即PDT包含三个组成部分：认知模型、设计方法和信息处理模型。[45]

综合G1组关键词及相关论文的研究特色可知，关注人的情感和感受，从实践研究出发，引入认知科学领域，尤其是具身认知和神经心理学领域的方法和机制对设计思维进行参数化、数字化建模将会给工程学科学习和教授设计思维提供有益的支持与帮助，这将是未来设计思维发展的一个突破口。因此，G1组设计思维研究的典型特征可以用"认知心理／数字领域"关键词来描述。

G2组由G2-1和G2-2两个子组构成，G2-1组文献中出现频率最高的关键词是设计思维的框架／结构（DT's framework/structure）、商学院／商业战略／商业模式（business school/strategy/model），以及管理不确定性（managing uncertainty）（图4.2）。因此，G2-1组的学者主要是从商业和管理角度研究设计思维的框架，探究设计思维的结构性问题，这体现出典型的管理领域的研究特色。而 G2-2 组出现频率最高的关键词表明该组侧重研究：(1) 设计思维的过程 (design thinking process)，(2) 创新的过程、创新中遇到的障碍、可持续导向的创新过程 (innovation process or barrier/SOI)，(3) 设计思维的核心特征或要素 (core characters/elements)，(4) 以及包含方案 (project)、概念 (concept)、产品服务系统 (PSS) 在内的各种设计实践活动 (design practice)。因此，G2-2 组研究强调通过大量的设计实践来阐释设计思维的核心特征、设计思维的过程以及创新的过程，更关注设计思维的过程性，该组研究主要发生在设计学领域。

在 G2-1 组管理领域，如学者塔季扬娜 (Tatjana) 和因加 (Inga) 分析了拉脱维亚对设计应用和设计思维的认识，证明了设计思维作为一种商业策略，可以确保持续的价值创造。[46] 学者马丁 (Martin) 和南希 (Nancy) 等人认为设计思维有助于创造附加价值，并提出新的价值映射框架，通过元素刺激构思过程，协调利益相关者，以提高企业绩效。[47] 学者伊娃 (Eva) 和南希等开发了一个基于设计思维方法的循环商业模式创新框架 (CBMI: Circular Business Model Innovation) 来支持可持续的商业转型，引进循环经济和循环经营模式对六家公司进行案例追踪，分析发现 CBMI 框架对商业创新很有效。[48] 罗伊 (Roy) 将设计思维分成"问题发现→观察→可视化和意义定制→构思→

原型设计→测试"六个步骤，进而构建出六阶段的创新业务模型，通过将设计思维融入商业课程当中，指导教师应对即将面临的活动和挑战。

　　而在 G2-2 组设计领域部分，学者斯蒂芬（Stephen）和昂（Ang）根据逻辑命题的定义，提出创新设计思维（IDT：Innovation Design Thinking）概念，将设计师的口头陈述形式化为分析命题或综合命题，通过在每个抽象层进行"指定→理想化→验证"的循环操作，引导设计师逐渐减少抽象的层次，最终生成设计概念。[49]霍纳塔斯（Jonatas）提出将设计思维和商业分析（BA：Business Analysis）集成到产品服务系统（PSS：Product-Service System），通过协调公司资源与客户需求，构建一个良性可持续 PSS。[5]学者金伯利（Kimberly）研究证明，设计思维工具和组织文化紧密相连。[6]乌拉（Ulla）等人对设计思维进行批判性研究：在管理领域，设计思维是最佳的创新方式；而在设计领域，认识论层面设计思维有五种不同的定义。[50]奥萨玛（Osama）等学者将设计思维中常用的工作集用于极限编程（XP：Extreme Programming）的原型开发阶段和可用性评估阶段，证明了设计思维分析用户参与 XP 项目的适用性。[51]管理领域中设计思维研究主要关注如何通过优化、创新、造义以及隐喻等方式来促进管理流程的变革；设计领域则更倾向于产品的价值创造以及通过一定的概念设计实践来定义设计思维的核心特征。

由上可知，利用设计思维，抓住用户潜在需求，优化产品创新过程，提升产品潜在价值，进而提高用户忠诚度是设计领域和管理领域的共同目标。因此，可以用"管理／设计领域"来定义G2组设计思维的研究特色。

G3组设计思维的研究文献中出现频率最高的关键词是以人为中心的设计（human-centered design）、医院和医疗卫生（healthcare/hospital）。学者谢里夫（Sharief）认为设计思维是一种系统性的方法，通过评估利益相关者在设计思维中的参与水平，改善参与程度，从而提高创新的可持续性。[52] 学者杰斯（Jess）利用设计思维来解决医疗系统中复杂和持久的医疗问题。[53] 学者索弗里德（Solfrid）则以挪威一家护理之家为例，采用基于用户需求的创新设计思维方法来应对医疗服务人员面临的挑战。[54] 学者维贾雅（Vijaya）以流动医院为案例，将设计思维概念与精益六西格玛工具包（LSS：Lean Six Sigma）相结合，设计了一个提高用户满意度的系统。[55] G3组通过将设计思维引入医疗健康领域，构建相关模型来优化服务流程、优化服务提供者和雇员在服务过程中的接触点来提升终端用户的满意度。该组论文主要针对公共医疗健康领域研究设计思维过程，开发有效的设计方法和模型。因此，G3组可用"医疗健康／公共卫生领域"来描述。

G4组对设计思维的研究主要体现在教育和社会创业两

大领域（图 4.2）。其中，G4-1 组主要研究设计思维如何应用于教育领域（education），广泛涉及设计教育（design）、通识教育（liberal）、学习教育（learning）以及工程教育（engineering）等领域。由于教育领域的问题大多是非结构化的问题（unstructured problem），因此，学者多采用基于社区式学习（community-based learning）、体验式学习（experiential learning）以及数字学习（digital learning）等方法来研究设计思维如何为教育领域提供有效的问题解决方案（problem solving）。G4-2 组研究中出现最多的关键词是工具、方法和方法论（methods/methodology or tools），比如教学方法或设计方法（teaching/design）的研究。

在 G4-1 的教育领域小组，学者丹娜（Danah）以设计思维为理论框架，依托一门研究生课程进行实证研究，探讨如何创造性地解决教育实践中的问题。[56]学者多丽丝（Doris）认为教授设计思维策略可以让学生掌握学习策略，帮助他们在面对新问题时能够应对自如。多丽丝引入基于选择的评价方法（CBAs：Choiced-Based Assessments），以六年级学生为样本，研究证明，设计思维策略有助于提高不同层次学生学习和解决问题的能力。[57]学者克莱夫（Clive）在工程教育中引入设计思维，改进设计在工程类课程中的存在、作用和观念。[58]学者义锡（Euisuk）和陶德（Todd）发现序贯设计思维（逐个或逐队地序贯进行试验数据统计）能加深对客体的设计行为的理解，而且可以支持工程技术教育中学与教风格的和谐匹配。[59] 学者安妮（Anne）以新媒体教育和数字人文学科为例，提倡将设计思维融入数字化学习和奖学金规划之中。[60]

在 G4-2 的社会创业领域小组，学者戴维（David）认为设计思维是一种创新方法论，可以为公益创业项目建立有价值的实施机制，并能够产生最佳的公益创业实施结果。[61] 学者埃尔林（Erling）[62] 认为设计师和设计团体面临的根本性挑战是从设计"物"（designing "things"）到设计"事"（designing things）的转变，即设计对象从具体的物体（objects）向社会物质性集合体（socio-material assemblies）的转变，在这样的异构设计中，当参与者参与其冲突的设计对象的排列时，公共争议性事务可能会展开。因此，想要有所作为的设计思想不能忽视有争议的设计事物中充满激情的挑战。学者克里斯蒂亚诺（Cristiano）将未来素养和设计思维结合起来，发现新的商业领域，将不确定性视为一种资源，从而帮助组织利用未来愿景提升对当前的理解能力。[63]

G4 研究主要体现为两个类型：一方面借助参与式研究方法（participation research）研究教育领域导入设计思维过程中的各个触点；另一方面通过利益相关者参与或评价（stakeholder participation/assessment），运用系统思维与方法（systematic approach/thinking），研究如何让利益相关者参与社会创新与创业的整个过程并对参与过程进行评价，从而促进系统的变革及优化创新。其中，系统流程研究的前提是，将设计思维视为一种设计方法论，通过创建综合性的进程框架原型，评估利益相关者参与设计思维过程的程度，经过连续迭代，寻求综合的、具有战略可持续性的设计解决方案。因此，G4 组的设计思维研究可以用"教育／社会创业领域"来描述。

4.1.5　设计思维的趋势

由图 4.1 的关键词散布图可知，原点附近聚集着 G2-2 组的关键词，这些关键词反映了目前设计思维研究的热点，即设计思维的研究重点依然在设计领域，设计思维研究的重心和面临的主要课题仍然是对设计思维的过程（design thinking process）、核心特征与元素（core characteristics/elements）、设计思维的定义（DT's definition）、人的情感与感受（feeling/emotion）以及创新过程（innovation process）的阐释和理解。而要实现这一目标依然需要在项目设计（project）、概念创新（concept）和产品服务系统设计（PSS）等方面进行大量的设计实践，比如新产品开发实践（new product development）。同时，在对设计思维的概念、特征、元素和过程属性进行诠释和理解的过程中，也要注意区分设计思维（design thinking）与设计师式思维（designerly thinking）和艺术思维（art thinking）有着本质的不同。

另一方面，要注意的是设计思维是以人为中心的设计 (human-centered design)，在为设计思维开发各种方法和方法论 (methods/methodology) 时，需坚持系统的方法和思维方式 (systematic approach/thinking)，这尤其体现在用设计思维解决医疗 (healthcare) 与关爱设计 (care design) 领域的问题。

根据图 4.1 中 G1-G4 各组的特征，可以用"目标对象研究→方法工具开发研究"和"外延拓展（项目与实践）→内涵深化（理论与框架）"分别定义第 1 轴和第 2 轴的正负轴。其中群组 G2 主要聚集在原点附近，主要涉及管理和设计领域对设计思维的研究，专注于设计思维的过程性和结构性，比如设计思维案例实施的过程，这也是目前设计思维研究的主流领域。而由 G1 可知，学者开始引用认识论来研究设计思维，随着语境的变化，针对设计思维的本源研究得出的结论也有所不同。所以仍需要进一步拓展各个核心特征之间的关系，理解其中的逻辑范式。

此外，G3 和 G4 距离原点较近，说明目前设计思维研究也逐渐延伸到医疗健康、公共卫生领域以及社会创业和教育等领域，并衍生出相关领域的诸多框架和模型。但从研究文献可知，近年来学者开始将设计思维融入计算机科学，比如与极限编程的融合。借助不断的设计实践探索，不断拓展中的设计思维研究正呈现出多学科、多领域交叉特性，且仍有大量未开发的跨学科研究领域。

由图 4.2 关键词的树状结构图可知，目前 G4 中 G4-1 重点研究设计思维应用过程中存在的"问题与内容"，并提供解决方案，这在教育领域尤其明显；G4-2 则重点研究如何为设计思维开发各种"方法与手段"，解决诸如社会设计和社会创业领域中亟待解决的创新难题。总体而言，G4 是研究如何利用设计思维这一工具解决目标对象问题，是关于设计思维对象因素的研究，这与 G3 主要关于设计思维中人的因素的研究相对应。G3 和 G4 则同属于对设计思维外部属性或外延问题的研究。

G2-1 则主要研究设计思维自身包括框架、挑战、商业模式、组织变革等结构性方面的问题，这些研究多在管理领域；而 G2-2 则主要侧重于在厘清设计思维的内涵、特征、包含元素、定义等基础之上的设计思维过程的研究，这主要发生在设计思维的母学科：设计领域。无论是结构性还是过程性，都是对设计思维自身属性的研究，从认识论层面进一步厘清设计思维的自身属性是确保设计思维研究取得更深入发展的关键。这也是为什么设计、管理领域依然是目前设计思维研究的重中之重。

从学者的研究文献可知，G2、G3 和 G4 针对设计思维的研究大多属于定性研究，这也是目前设计思维研究的主流现状和困境。而由 G1 可知，近年来学者开始引入认知科学，尤其是具身认知等认知理论来研究设计思维，同时也通过大量的实践研究用数字化或者参数化的形式探索定量化研究设计思维的可能性，比如探索建筑设计中设计思维的量化应用, 以及设计思维在参数化设计和数字设计中的应用实践等。

从图 4.2 的树状图可知, 发轫于设计学领域问题、繁荣于管理学领域的设计思维研究, 正逐渐从专注于研究设计思维自身属性的内涵研究, 转向包括人的因素和对象因素的外部属性的外延研究, 应用领域也逐渐扩展到医疗健康和公共卫生、教育以及社会创业等领域。由 G2 → G3 → G4 → G1 的逐层发展态势表明: 从定性到定量的研究转向将是未来设计思维的发展趋势。

目前设计思维已存在大量的应用研究, 但成熟性和可操作性相比较其他设计方法来说依旧存在一定的差距, 还需要进行长期的探讨研究。图 4.1 的第一象限分布着 G1 和 G2, 该区域侧重于设计思维的理论与框架研究, 通过认知方法来探索设计思维的定义、核心特征并归纳为方法论。第二象限主要分布了 G2 群组, 反映出该区域主要从设计学和管理学视角, 研究设计思维的目标对象, 比如产品、系统以及利益相关者三者之间的关系。第三象限主要分布着 G3 和 G4, 表明该区域主要研究设计思维如何与其他领域的目标对象结合。第四象限主要分布着 G4 和 G1, 表明该区域更偏重于将设计思维作为某种方法论来研究设计思维在其他领域的拓展应用。

1. 第一象限存在大量空白区域, 表明目前设计思维从科学量化角度出发的研究较少，更多的是考虑"人－物－社会－自然"的关系，带有较强的主观性和抽象性。而对设计思维进行科学的研究是提高设计思维可操作性和认知度，加强设计对象与设计师之间信任度的主要手段。因此，从设计自身的规律出发，引入科学的认知方法将是设计思维的一个很重要发展方向。也就是说，目前设计思维研究主要是定性研究，如何进行定量化研究需要更多关注。

2. 第二象限则表明针对设计思维本源的各个核心特征还需要进一步阐明。以人为本、关注用户体验、注重设计的过程性和结构性是目前设计思维研究的主要内容，但设计思维不仅仅是寻求解决方案方法的过程，更是一个探寻设计自身的过程。随着设计思维应用案例不断增加，设计思维现有的认识与逻辑范式也应当随之扩展。

3. 第三象限则反映设计思维目前跨学科应用多集中在医疗健康、公共卫生领域与教育、社会创业领域，而作为以人为本的方法，设计思维具备普遍适用性和跨学科的方法特征。[59] 也就是说，设计思维的进一步发展需要不断拓展实践应用领域，不断检验完善设计思维。

将设计思维作为一种创新设计方法论仍然是设计思维研究的主流观念，从系统角度对设计思维组成要素、要素间逻辑关系等进行进一步的阐述与界定，立足设计思维认知探究，探索设计思维如何从定性研究转为定量研究将是未来设计思维的可行方向。约翰松·舍尔德贝里、伍迪拉（Woodilla）和埃廷卡亚（Çtinkaya）将创新领域盛行的设计思维和设计师式造义观点联系起来，警告指出：如果设计思维不能更多地与设计师式思维方式相关联获得学术根基的话，设计思维将极有可能死掉。[6]

作为当下热门研究领域，设计思维如果想雄心勃勃地向着独立学科方向发展的话，就必须解决当下研究中过于定性的问题。而要成为一门新学科，仍有大量工作要做，其中进一步厘清内涵、明晰框架、严谨过程、开发方法、拓展实践、构建理论，从定性方法实践向定量过程认知转变，朝着定量化、科学化的方向构建设计思维的本体论、认识论和方法论三个层面的理论体系是可行的方向。

4.2 服务蓝图（Service Blueprint)

服务蓝图是另一种常用的服务设计方法，对提高服务质量、服务效率和顾客满意度十分有效。服务蓝图研究的核心领域在服务管理和服务营销，近年来趋向于引入工学领域方法进行服务的创新设计与应用。本节从系统角度对各类服务的组成要素、要素间的逻辑关系、逻辑范式等进行深入地阐释及界定，并探索如何进行综合服务创新与应用。研究发现，探讨新的工学方法和手段进行服务创新将是未来服务设计的研究重点；服务蓝图研究整体呈现出感知化、体验化、可持续及系统化的发展趋势。

4.2.1　服务蓝图的历史脉络

社会经济的发展和工业 4.0 时代的到来给服务设计带来了巨大的发展机遇和空间。在《国务院关于推进文化创新和设计服务与相关产业融合发展的若干意见》战略发展规划中，发展服务型制造业，重塑制造业价值链，被认为是增强产业竞争力、推动制造业从生产型向服务型升级转型、深化供给侧结构性改革的重要措施。

另一方面，服务的 IHIP 特征 [64] 使得与服务发生交互关系的用户和服务提供商都难以理解服务系统的复杂性。服务设计师一直尝试探索解决这些问题的有效方法。直到 30 多年前，美国学者肖斯塔克（Shostack）开发了一种记录和分析服务企业服务流程的技术——服务蓝图。[65] 值此背景，服务蓝图逐渐得到越来越多的关注和研究。从服务蓝图布局演变的角度，其发展大致可以分为三个阶段（图 4.3）。

第一阶段：

以"服务接受者"为中心。1984 年，肖斯塔克（Shostack）在《哈佛商业评论》上提出了"服务蓝图（service blueprint）"

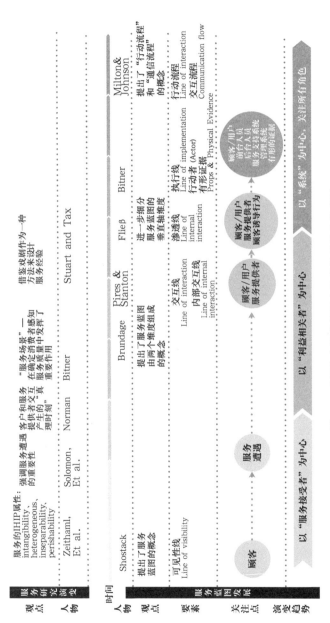

图 4.3　时间轴上服务蓝图方法发展的历史演变图

概念，并从客户角度划分出一条"可视线（Line of visibility）"。[65]
"可视线"以上是客户可以体验的前台（front office）区域，
以下则是客户看不见但却支持着整个服务操作的后台（back
office）区域。该阶段以用户为中心角色创建服务蓝图。

第二阶段：

以"利益相关者"为中心。1993 年，金曼（Kingman）进一
步发展了服务蓝图，提出了"服务地图（service map）"概念，
主张服务蓝图由两个维度组成：水平 X 轴代表服务活动的时间流
程，垂直 Y 轴代表服务的行动区域（areas of action）。[66]（图4.4）

2004 年，弗利斯（Fließ）进一步扩展了服务蓝图两个维度
的内涵：用水平 X 轴表示服务接受者和服务提供者之间的操作流
程，垂直 Y 轴表示不同的行动区域。[67] 服务的行动区域又可以
用不同的"线"进行分割。

2004 年，皮雷斯（Pires）和斯坦顿（Stanton）在研究中又
增加了两条线——交互线（Line of interaction）和内部交互线
（Line of internal interaction）[68]，客户和前台服务人员的活动
被交互线分隔开来，客户不可见的前台操作与后台服务人员操作
被内部交互线分隔开来。

2004 年弗利斯将渗透线（Line of order penetration）概念添

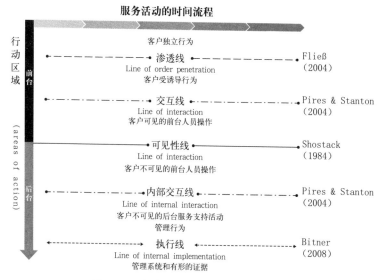

图 4.4　服务蓝图行动区域相关研究发展图

加到服务行动区域中，这条线将客户受诱导行为与客户独立行为区分开来。[67] 客户受诱导行为受到客户行为、商品和信息的影响。该阶段受到所罗门（Solomon）和诺曼（Norman）的服务遭遇（Service Encounter）[69] 和真实时刻（The Moment of Truth）[70] 理念的影响，服务蓝图开始关注服务接受者（顾客）和服务提供者（员工），以人与人之间的交互为中心创建服务蓝图。

第三阶段：

以"系统"为中心。2004 年，斯图尔特（Stuart）和塔克斯（Tax）借鉴戏剧的原理进行服务体验设计。[71] 比特纳（Bitner）

于 2008 年指出服务蓝图是一个多演员系统，演员类型（Actor categories）包括"客户、前台人员、后台人员、服务支持和管理系统，以及有形证据（physical evidence）"几个部分，有形证据指的是服务过程中能影响用户感知质量的有形事物。

与此同时，比特纳（Bitner）等人将执行线（Line of implementation）概念添加到服务行动区域当中[72]，执行线将管理行为和后台支持活动分隔开来。2012 年，弥尔顿（Milton）和约翰逊（Johnson）提出了行动流程（Action flow）和交互流程（Communication flow）概念[73]，行动流程表示服务参与者的活动顺序，交互流程代表不同服务参与者之间的交互。这个阶段服务蓝图的关注对象不仅仅是用户或客户，还包括服务提供者，甚至是无生命的角色，这打破了以往以用户为中心的设计思维观念，体现为以角色间的交互为中心创建服务蓝图。

4.2.2 服务蓝图与其他研究方法的结合

1. 服务管理

服务的规划与设计活动一直被视为市场营销和管理领域的一部分。1991 年，科隆应用科学大学国际设计学院（KISD）米歇尔·埃尔霍夫（Michael Erlhoff）教授第一次提出"服务设计"的概念，服务设计管理逐渐被更多学者所关注。为了更加有效地进行企业管理，2000 年业务流程管理发起组织（BPMI.

OGR）制定了业务流程建模与标注（BPMN）规范。2011 年，原（Hara）和新井（Arai）使用 BPMN 的标号绘制服务蓝图流程表 [74]，并将其应用到个性化背包定制设计中。2012 年，弥尔顿和约翰逊采用概念类比法来研究 BPMN 概念是如何支持服务蓝图概念的。[73]

1993 年，诺曼（Normann）和拉米雷斯（Ramirez）主张，服务系统本质上是服务参与者所构成的网络，这些服务参与者都对服务交付的价值产生贡献。[75] 2012 年，桑普森（Sampson）提出过程逻辑模型，该模型弥补了服务蓝图在表达服务网络方面的缺陷，进而提出了过程链网络分析方法（PCN：Process Chain Network）。2015 年，澳大利亚学者卡泽姆扎德（Kazemzadeh）、弥尔顿和约翰逊使用存在论比较方法来分析服务蓝图与 PCN 之间的异同 [76]，同年，弥尔顿和约翰逊运用概念评估方法比较和探讨服务蓝图和 PCN 中各概念的异同时发现 [77]：服务蓝图关注的是业务角色及其与客户的交互，PCN 关注的则是客户与服务提供商之间交互的本质。

2. 服务质量

随着服务设计的发展，服务的价值被越来越多企业所重视，只有提供高质量的服务才能提高用户体验，获得顾客的忠诚度和满意度。20 世纪 50 年代，美国格鲁曼（Grumman）飞机公司提出了故障模式与影响分析（FMEA：Failure Modes and Effects

Analysis）概念，FMEA 方法将故障的重要程度加以量化，从而指明了改善的优先顺序。2007 年，台湾学者庄（Chuang）将服务蓝图与 FMEA 相结合[78]，用于设计超级市场的无故障服务系统。1966 年，日本质量管理大师赤尾洋二和水野滋提出质量功能展开法（QFD：Quality Function Deployment），该方法通过量化用户需求来优化服务质量。2009 年，日本学者原（Hara）和新井（Arai）基于 QFD 的服务评价方法，提出扩展服务蓝图（extended service blueprint）概念。[79]

20 世纪 50 年代末，美国通用电气公司质量管理部部长费根鲍姆（Feigennaum）提出全面质量管理（TQM：Total Quality Management）概念。1986 年，国际标准化组织 ISO 把全面质量管理的内容和要求进行标准化，并于 2008 年正式颁布了 ISO 9001：2008 系列，2012 年，台湾学者陈（Chen）将 ISO 9001：2008 和服务蓝图进行整合[80]，并将其应用到医院的服务质量管理。2013 年，兰德尔（Randall）基于 TQM 原则并结合服务蓝图[81]，从用户的角度识别质量并对员工进行绩效分析、控制和改进。

3. 产品与服务

随着社会与经济的发展，影响消费者购买决策的不再仅限于产品本身，产品所附加的服务和体验起到了更加关键的作用。20 世纪 90 年代中后期，联合国环境规划署提出了产品服务系统概念（PSS：Product Service System），PSS 强调从有形产品与无形服务所组成的系统的角度，通过提升产品的服务体验来建立用户对产品的忠诚度，延缓产品的废弃周期，实现产品的可持续。

2005 年，布格尼姆（Boughnim）和杨努（Yannou）使用服务蓝图构建产品服务系统模型[82]。杰姆（Geum）和帕克（Park）于 2011 年提出产品服务蓝图（product service blueprint）概念[83]。1956 年，苏联学者阿特休勒（Altshuller）提出了发明问题解决理论（TRIZ：Theory of Inventive Problem Solving）。2015 年，台湾学者王（Wang）基于 TRIZ 和服务蓝图[84]，进一步细化结构服务设计阶段，并应用于智能泊车服务设计当中。

4. 体验设计

服务是复杂的交互系统，对客户或职员而言，服务即体验，体验影响情感，情感会强化体验记忆，进而影响人们的判断和行动。2009 年，IBM 研究员苏姗（Susan）提出了"有表情的服务蓝图"概念，将客户的情绪状态这一要素添加到服务蓝图之中。克里斯（Chris）将用户旅程图（又称用户体验地图）与服务蓝图结合开展研究。[85] 2017 年，刘洋等以用户旅程图和服务蓝图为工具[86]，对典型智能共享单车系统进行分析。

由上可知，服务蓝图的研究与应用主要集中于管理、工程质量、产品开发和交互体验设计四大领域，关注触点、情感或情

绪、服务参与者和系统设计等方面的研究（图4.5）。服务管理领
域所开展的服务蓝图研究，其目的在于提升服务质量、产品服务
的营销价值，改善用户体验，是一种系统思维方法，涉及的方法
主要有 BPMN 和 PCN 等。

工程质量领域，服务蓝图研究主要强调基于触点优化所带来
的产品质量和服务体验的改善，常用 TQM、QFD 和 FMEA 等
方法。在交互体验领域，服务蓝图专注于服务触点上的用户情感
研究，常用的方法有用户旅程地图等。产品设计领域引入服务蓝
图，侧重于制造业的服务化转型和系统层面产品与服务设计中的
情感研究，涉及的方法有 TRIZ、用户旅程地图和 PSS 等。

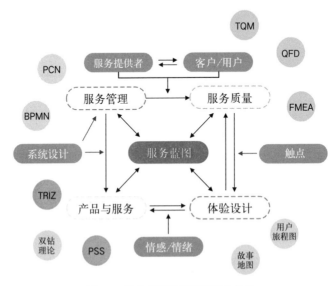

图 4.5　服务蓝图跨领域研究分析图

4.2.3　服务蓝图的研究重点

检索相关研究文献发现：2004 年至今，服务蓝图研究受到各国学者的广泛关注，呈现出快速上升趋势（图 4.6），主要来自澳大利亚、美国以及欧洲地区（图 4.7）。

澳大利亚地区主要是运用概念评估的方法研究服务蓝图，主要的应用领域是旅游业；美国地区的研究热点是服务管理、价值共创和服务主导逻辑范式，主要应用领域是传统服务业，如酒店和餐厅等；欧洲地区则专注公共服务、全面质量管理、服务模块化和定制化等领域；日本则是关注质量功能展开与服务蓝图的结合应用。这些国家和地区的共同特点是经济和产业发达，这说明服务设计和服务蓝图的发展宏观上受经济和产业发展驱动。

1．分析方法与过程

这里通过实验分析了 44 篇有影响力的服务蓝图相关研究文献，抽取出 47 个关键词，并运用数量化 III 类和聚类分析方法，对服务蓝图的研究情况进行分析。数量化 III 类分析结果显示前三轴的累积贡献率达到了 20.08%（表 4.4），能够有效反映 47 个关键词之间的潜在相关关系，对这些关键词所代表的空间点进行可视化可得出关键词在 1-2 轴和 1-3 轴的分布图（图 4.8，图 4.9）；基于聚类分析，可以将 47 个关键词划分成 C1-C6 共六个群组（图 4.10）。

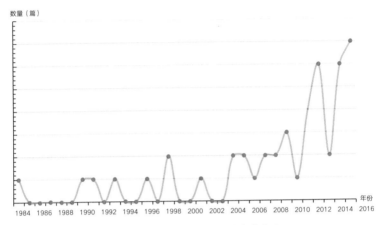

图 4.6　服务蓝图研究文献的年代分布

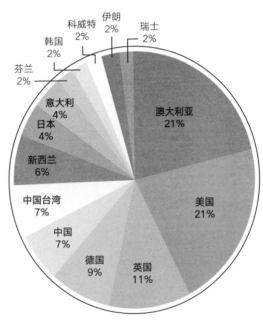

图 4.7　服务蓝图研究学者所在的国家及地区分布

服务蓝图相关研究文献中所抽取出的 47 个关键词在 5 个轴的累积贡献率

表 4.4

	固有值	贡献率	累计贡献率	相关系数
第 1 轴	0.7606	7.23%	7.23%	0.8721
第 2 轴	0.6985	6.64%	13.87%	0.8358
第 3 轴	0.6533	6.21%	20.08%	0.8083
第 4 轴	0.6155	5.85%	25.93%	0.7845
第 5 轴	0.5483	5.21%	31.14%	0.7404

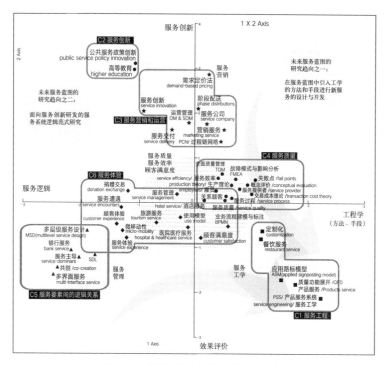

图 4.8　关键词散点分布图（1−2 轴）

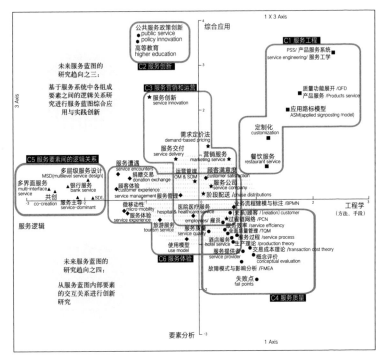

图 4.9　关键词散点分布图（1-3 轴）

群组 C1 主要从服务工程学的角度研究服务蓝图，关注的是制造业和产品开发，旨在通过将服务与产品相结合来提升价值，提高用户的产品忠诚度；并通过 QFD 和 PSS 等方法对服务蓝图进行应用与优化。群组 C2 是服务蓝图在公共服务（如：高等教育，政策创新等）领域的应用研究，关注的是"公共服务创新"。群组 C3 是从"服务营销和服务运营"角度，应用服务蓝图研究服务的递送，以及服务参与者所构筑的服务网络交付过程等方面

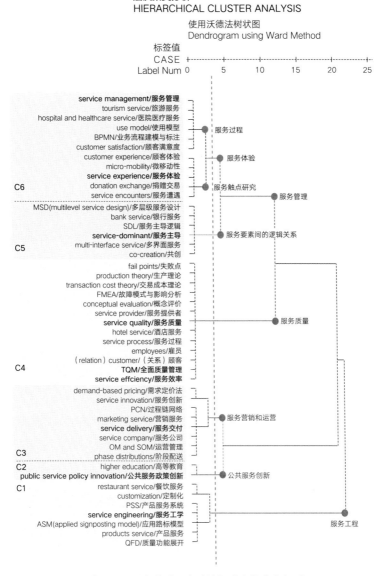

图 4.10　服务蓝图研究关键词层次聚类分析图

的管理和服务创新，如研究如何运用工学的思维方法使服务"产品化"，提高市场营销的效率，以及运用过程链网络（PCN）弥补服务蓝图在描绘服务交付网络方面的不足。

群组 C4 重点运用服务蓝图进行"服务质量"研究，旨在通过提高产品和服务质量，优化服务提供者和雇员在服务过程中的接触点来改善客户满意度。如学者应用全面质量管理方法（TQM）和故障模式与影响分析（FMEA）等方法对服务蓝图的服务过程和故障点进行分析以提升酒店和超市服务的质量和效率。[78][81]群组 C5、C6 主要是从服务管理的角度对服务蓝图进行研究，C5 侧重于从理论层面研究服务要素之间的逻辑关系，多界面服务中利益相关者之间的共创等服务主导逻辑框架下的多层次服务设计问题，如银行服务中的价值共创。

群组 C6 的研究主要分为两大部分：（1）运用服务蓝图对服务系统中的各触点的研究，（2）针对服务系统中的各服务过程的研究。其中研究服务触点的目的是提升顾客的服务体验，如通过"微移动"服务及捐赠交换活动中的顾客遭遇触点（encounter）分析提升服务提供者和用户的服务体验；另一方面，基于用户模型研究，通过业务流程建模符号(BPMN)将服务蓝图的符号语言进行规范，应用于诸如旅游服务、医院和医疗过程中的服务流程的管理和顾客满意度优化等方面的研究。

2. 分析结果

图 4.8 原点附近关键词的散点分布情况反映了服务蓝图研究的热点问题和应用现状。服务蓝图研究的重点是如何提高服务质量、服务效率和顾客满意度，主要涉及管理学、工学、心理学等领域。

具体而言，从图 4.8 的 1-2 轴分布图可知：

（1）可以用"服务逻辑－工程学（方法、手段）""效果评价－服务创新"来分别定义第 1 轴和第 2 轴。其中群组 C4 主要集聚在原点附近，主要是关于"服务质量"方面的研究，这也是所有领域对服务蓝图的研究和应用实践的核心目的：促进服务质量的提高。此外距离原点比较近的群组 C6 的"服务过程"子组（图 4.9、图 4.10）也体现了服务蓝图方法的核心内涵是关于过程的，这正体现了服务蓝图方法的过程属性。

（2）群组 C6 侧重对服务触点和过程的研究，目标是提升服务体验，这离不开服务主导逻辑时代对服务系统中各要素的理解以及要素之间逻辑关系的界定，这正是 C5 的主要内容。C5 和 C6 的研究共同构成了服务蓝图的重要研究与应用领域：服务管理。从 C2 和 C3 可以看出，服务蓝图的研究和应用还关注服务的营销和运营等领域，以及支持面向诸如高等教育、公共政策与服务、共享经济等领域的创新活动。因此，目前服务蓝图的应用主要形成了：服务管理视角（C5、C6）、服务营销视角（C2、

175

C3），以及服务工学视角（C1）三大领域（图 4.8），并且服务管理和服务营销是服务蓝图的传统研究与应用领域，偏重人文社科的思维与方法，专注于如何提升服务质量、服务效率和顾客满意度等方面的研究。另一方面，近年来从服务工学的角度将服务蓝图纳入产品服务系统，通过个性化定制、质量功能展开等工学方法对服务效果进行分析和改善，也是服务蓝图进一步的开发趋势。

（3）图 4.8 的第一象限分布着 C3 和 C4，该区域侧重于在服务蓝图中导入工学的思维方法进行服务的创新研究，将"服务""产品化"，使"服务"成为营销、运营、管理和设计的对象。第二象限分布的群组 C2 和 C3 反映出该区域主要研究服务蓝图在诸如公共政策创新、高等教育和共享经济等领域的应用。第三象限主要分布着 C5 和 C6，表明该区域主要研究如何利用服务蓝图进行服务管理；研究在服务管理和营销中，诸如"产品""顾客"和"服务"等服务要素之间的关系、地位和作用；对商品主导逻辑（GDL：Goods-Dominant Logic）、顾客主导逻辑（CDL：Customer-Dominant Logic），以及服务主导逻辑（SDL）等概念进行比较研究；以及不同服务要素之间的价值共创研究等。第一象限空白区域表明，服务蓝图中引入工学的方法和手段进行新服务的设计与开发方面，尚有大量研究工作可做；第二象限则表明"用服务蓝图探索新的服务创新研究和实践过程中，仍需要进一步深入阐明服务系统中的要素关系，理解服务的逻辑范式"。

另一方面，从图 4.9 的关键词分布情况可知，第 3 轴可用服务的"要素分析——综合应用"进行阐释。从第二象限和第三象限的关键词分布情况来看：利用服务蓝图方法，从系统的角度分析服务系统内部各组成要素之间的交互关系；以及基于服务要素逻辑关系研究基础上的服务创新综合应用与开发实践，将是服务蓝图未来研究的重点。

4.2.4　服务蓝图的研究趋势

由上述分析可知，服务蓝图作为服务过程可视化的有效工具，其应用领域正不断拓展，研究关注点逐渐呈现出以下发展趋势[87]：

1. 感知化　心理学家吉布森（J.J.Gibson）提出了功能可见性（affordance）概念，它指出一个人在一个物体上可能执行的操作。而服务的 IHIP 属性使得服务系统的功能呈现出动态的复杂性，服务蓝图将更多关注具体层面的服务（services）和抽象层面的服务（service）之间的逻辑关系[88]，这对于服务要素的界定和认知具有重要的推动作用，也是深入理解服务蓝图的重点和难点。

2. 体验化　继机械化、电气化、自动化等产业技术革命浪潮之后，以信息网络技术加速创新和融合为突出特征的新一轮工业革命正在全球范围内兴起。服务设计领域加速向数字化、网络化、智能化方向延伸发展，围绕互联网平台的服务设计领域竞争越来越激烈。结合"互联网＋"的新模式，加大服务蓝图在交互设计和体验设计领域的应用研究，有助于服务型企业在数字经济中抢得先机。未来服务蓝图在体验设计与创新方面仍有大量研究可做。

3. 可持续化　服务蓝图一方面从系统的角度促使产品设计实现服务的可持续，降低功能尚好的产品的废弃率，延长产品的生命周期，实现环境的可持续发展；另一方面，通过考虑时间轴因素[89]，借鉴生命体的自组织性和自适应性，开发能随环境变化实现自身调整、自服务，提高服务蓝图在服务活动中发现、解决问题的效率是服务蓝图进一步改进优化的关键。

4. 系统化　服务蓝图研究重心呈现出从以"服务接受者"为中心到以"利益相关者"为中心，最后发展为以"系统"为中心的演变趋势，相关的设计工具主要侧重于服务的概念模型、语义符号、组织框架和模块化等方面的研究。概念模型是指在服务蓝图中引入工学的方法和手段进行服务创新；语义模型是指规范服务蓝图的语言符号；添加组织框架是一种简化复杂情况的有效方法；而模块化是组织结构的一种形式，将服务蓝图的行动区域进行模块分区和优化，有利于服务设计师进行服务管理。

4.3　服务系统图[90]（SSM）

服务系统图（SSM：Service System Map）是用来表述服务系统动态机制的工具，也称为系统范式图。[91] 服务系统图作为一种重要的载体和工具，在服务设计流程中用于复杂信息的分析、综合与重建，最早从软件开发工具演变而来。日本学者于1979 年提出"系统图法"概念，通过将目的和手段链接的方式来逐级分析并视觉化复杂问题。2004 年，学者弗朗科斯·杰格（Francois Jégou）在欧盟"高度定制的解决方案"项目中，首次将系统图作为一种工具，作为"面向解决问题的协作方法"来解决服务设计领域的问题。服务系统图作为"设计平面"（Design Plane）方法的系统工具之一，主要解决面向问题导向的设计流程的项目研究与实践。[92]

服务系统图与服务蓝图方法在功能上具有一定的相似性，都强调利用框架图式这一形式对设计师从概念构想到服务创造的整个过程进行辅助。区别在于，服务系统图侧重于挖掘并呈现服务的利益相关者之间潜在的服务场景（scenario），以及服务系统中各关系要素之间所形成的商业联系；相对于服务蓝图重点关注如何描绘和可视化用户在享受服务体验时的时间线和可视线，尽可能直观可视化服务流程的方式而言，服务系统图的图形显示方式和效果更加丰富、直观和具体。

服务系统图最初由软件开发工具衍生而来，利用Powerpoint软件中箭头、对象等规范化图示语言的具象化优点，分析各种服务情境，并努力将特定的服务进行可视化，目的是快速比较、理解和展示产品服务系统（PSS）所提供的设计问题解决方案。

要素和信息流动是构成服务系统图的关键和基础。学者姜颖等总结了服务系统图的转变特征，总结出服务设计步骤中需要遵循的四条原则：要素层级性、组织决策性、功能可供性和原型可视化。[90]

层级性是服务设计系统中描述要素之间关系并将服务要素进行结构化的一种归类方式，设计师借助树状图或者Excel表的形式将要素进行分组和链接，明确服务系统的要素层级性，可以清晰、准确地展现服务系统中的复杂要素关系。这为后续构建参与者之间的合理、清晰交互关系，帮助设计师组织、引导决策打下基础。

组织决策性体现为通过系统要素间明晰的结构层次关系、梳理清楚服务系统各利益相关者之间的交互关系及参与逻辑，帮助设计师明确服务方式、改善服务触点的设计。

功能可供性是对服务设计中服务任务完成和用户需求满足效果的评估和检验，主要从有用性和可用性层面帮助设计师梳理所需改进的服务触点，并以此检验服务方案的可行性。

原型可视化则是从视觉逻辑角度，通过对服务系统中的信息符号、图示语言和服务场景进行构建，来强化服务系统的文化特性和服务特征，其目的是激发设计师协同创新的兴趣，能够从复杂的服务系统中寻求可持续问题的解决途径与方法。

参考文献

[1] Windahl, Charlotta, Wetter-Edman, Katarina. Designing for Service: From Service-Dominant Logic to Design Practice(and Vice Versa). In book: The SAGE Handbook of Service-Dominant Logic/[ed] Stephen L Vargo, Robert F Lusch, Sage Publications, 2018: 674-688.

[2] 楚东晓，李锦，蒋佳慧. 从定性方法实践到定量过程认知：设计思维研究的现状与进展［J］. 装饰，2020，10：88-92.

[3] （美）Thomas Lockwood 主编，李翠荣 李永春 等译. 设计思维：整合创新、用户体验与品牌价值［M］. 北京：电子工业出版社，2012.

[4] Dorst, K. The Core of Design Thinking and Its Application[J]. Design Studies, 2011, 32(6): 521-523.

[5] Elsbach, KD., Stigliani, I. Design Thinking and Organizational Culture: A Review and Framework for Future Research[J]. Journal of Management, 2018, 44 (6): 2274-2306.

[6] Sköldberg, UJ., Woodilla, J., Çetinkaya, M.Design Thinking Past, Present and Possible Futures[J]. John Wiley&Sons Ltd, 2013, 22(2): 121-146.

[7] Lugmary, A., Stockleben, B., Zou, Y., et al. Applying "design thinking" in the context of media management education[J]. Multimedia Tools and Applications, 2014, 71(1): 119-157.

[8] Simon, H. The Sciences of the Articial[M].Cambridge, MA: MIT Press, 1969.

[9] Cross, N.Designerly Ways of Knowing[J].Design Studies.1982, 3(4): 221-227.

[10] Faste, R., Roth, B. The Design of Projects and Contests-the Rules of the Game[J]. Journal of Robotics and Mechatronics.1998, 10 (1): 7-13.

[11] Rowe, PG. Design Thinking [M]. Boston: The MIT Press. 1991.

[12] Schon, DA. The Reflective Practitioner: How Professionals Think in Action[J]. Administrative Science Quarterly[J]. 1987, 32(4): 614-617.

[13] Rittel, HW. J., Webber, MM.Dilemmas in a General Theory of Planning

[J]. Policy Sciences, 1973, 4(2): 155−169.

[14] Buchanan, R. Wicked Problems in Design Thinking[J]. Design Issues, 1992, 8 (2): 5−21.

[15] Victor Papanek. Design for the Real World[M]. Academy Chicago Publishers, 1985.

[16] Lawson, B. How Designers Think, Fourth Edition[M]. London: Architectural Press, 2005.

[17] Lawson, B., Dorst, k. Design expertise[M]. Amsterdam, the Netherlands: Elsevier, 2009: 88.

[18] Wylan, B. Design Thinking and the Question of Modernity[J]. The Design Journal, 2010, 13(2): 217−231.

[19] Brown, T. In: Design Thinking[J]. Harvard Business Review, 2008, 86: 84−92.

[20] Eder, P. F. Change by Design: How Design Thinking Transforms Organizations and Inspires Innovation[J]. Futures research quarterly, 2009, 1(4): 63−64.

[21] Marion Buchenau, Jane Fulton Suri. Experience Prototyping[C]// Conference on Designing Interactive Systems. ACM, 2000.

[22] Chick, A. Design Activism: Beautiful Strangeness for a Sustainable World [J]. design journal, 2009, 13(2): 236−239.

[23] Martin, R. How Successful Leaders Think[J]. Harvard Business School Press, 2007, 85(6): 60−67.

[24] Krippendorff, K. On the Essential Contexts of Artifacts or on the Proposition That "Design Is Making Sense(Of Things)"[J]. Design Issues, 1989, 5(2): 9−39.

[25] Verganti, R. Design Driven Innovation: Changing the Rules of Competition by Radically Innovating What Things Mean[J]. Research Technology Management, 2009, 5(6): 67−68.

[26] Ezio Manzini. Viewpoint New Design Knowledge[J]. Design Studies, 2009, 30(1): 4−12.

[27] Lucy Kimbell. Rethinking Design Thinking: Part I, Design and Culture, 2011, 3(3): 285−306.

[28] Ulla Johansson−Sköldberg, Jill Woodilla, Mehves Çetinkaya. Design Thinking: Past, Present and Possible Futures[J]. CREATIVITY AND INNOVATION MANAGEMENT, 2013, 22: 2.

[29] Cross, N., Keynes, M. A brief History of the Design Thinking Research Symposium series[J]. Design Studies, 2018, 57(7): 160−164.

[30] Heather, MA. Fraser. The practice of breakthrough strategies by design[J]. Journal of Business Strategy, 2007, 4(28): 66−74.

[31] Elizabeth B−N Sanders. From user−centered to participatory design approaches[J]. Design and the Social Sciences:Making connections, 2002, 1−8.

[32] 潘云鹤. 形状设计思维过程的模式 [J]. 浙江大学学报, 1993. 3 (37): 363−369.

[33] 庄越挺, 潘云鹤, 潘红. 关于设计思维与模型的研究报告 [J]. 浙江大学学报, 1997, 31, 1, 72−80.

[34] 尹碧菊, 李彦, 熊艳, 等. 设计思维研究现状及发展趋势 [J]. 计算机集成制造系统, 2013, 19（6）: 1165−1176.

[35] 李彦, 刘红围, 李梦蝶, 等. 设计思维研究综述 [J]. 机械工程学报, 2017, 53（15）: 1−13.

[36] Mosely, G., Wright, N., Wrigley, C. Facilitating design thinking: A Comparison of Design Expertise[J]. Thinking Skills and Creativity, 2018, 27: 177−189.

[37] Schmiedgen, J., Rhinow, H., Köppen, E. Parts without a whole: The current state of design thinking practice in organizations[M]. Universit tsverlag Potsdam. 2016.

[38] Brown, T. When Everyone Is Doing Design Thinking, Is It Still a Competitive Advantage[J]. Harvard business review, 2015.

[39] Wrigley, C., Stracker, K. Design Thinking Pedagogy: the Education Design Lader[J]. Innovation in Education and Teaching International,

2017, 54(9): 374−385.

[40] Butler, GA., Roberto, AM. When Cognition Interferes with Innovation: Overcoming Cognitive Obstacles to Design Thinking[J]. Research−Technology Management, 2018, 61(4): 45−51.

[41] Lindgaard, K., Wesselius, H. Once More, with Feeling: Design Thinking and Embodied Cognition[J]. Sheji:The Journal of Design, Economics, and Innovation, 2017, 3(2): 83−92.

[42] Goldschmidt, G. Design Thinking: A Method or a Gateway into Design Cognition[J]. Sheji: The Journal of Design, Economics, and Innovation, 2017, 3(2): 107−112.

[43] Oxman, R. Parametric Design Thinking[J]. Design Studies, 2017, 52: 1−3.

[44] Bhooshan, S. Parametric Design Thinking: A Case−Study of Practice−Embedded Architectural Research[J]. Design Studies, 2017, 52: 115−143.

[45] Volkava, T., Jakobsone, I. Design Thinking as a Business Tool to Ensure Continuous Value Generation[J]. Intellectual Economics, 2016, 10: 63−39.

[46] Geissdoerger, M., Bocken, PMN., Hultink, JE. Design Thinking to Enhance the Sustainable Business Modelling Process−A Workshop Based on a Value Mapping Process[J]. Journal of Cleaner Production, 2016, 135(1): 1218−1232.

[47] Guldmann, E., Bocken, PMN., Brezet, Han. A Design Thinking Framework for Circular Business Model Innovation[J]. Journal of Business Models, 2019, 7(1): 39−70.

[48] Lu, S., Liu, A. Innovation Design Thinking for Breakthrough Product Development[J]. Procedia CIRP, 2016, 53: 50−55.

[49] Schere, OJ., Kloeckner, PA., RIBEIRO, DLJ., et al. Product−Service System(PSS) Design: Using Design Thinking and Business Analytics to Improve PSS Design[J]. Procedia CIRP, 2016, 47: 341−346.

[50] Sohaib, O., Solanki, H., Dhaliwa, N., et al. Integrating Design Thinking into Extreme Programming[J]. Journal of Ambient Intelligence and

Humanized Computing, 2019, 10: 283-302.

[51] Hendricks, S., Conrad, N., Douglas, ST., et al. A Modified Stakeholder Participation Assessment Framework for Design Thinking in Health Innovation[J]. Healthcare, 2018, 6: 191-196.

[52] Roberts, PJ., Fisher, RT., Trowbridge, JM., et al. The Leading Edge: A Design Thinking Framework for Healthcare Management and Innovation [J]. Healthcare, 2016, 4: 11-14.

[53] Vatne, S. Nurses and Nurse Assistants' Experiences with Using a Design Thinking Approach to Innovation in a Nursing Home[J]. J Nurs Manag, 2018, 26: 425-431.

[54] Vijaya Sunder M, Sanjay Mahalingam, Sai Nikhil Krishna M. Improving Patients' Satisfaction in a Mobile Hospital Using Lean Six Sigma-A Design-Thinking Intervention[J]. Production Planning&Control: The Management of Operation, 2020, 31(6): 512-526.

[55] Henrisen, D., Richardson, C., Mehta, R. Design Thinking: A Creative Approach to Education Problems of MARK Practice[J]. Thinking Skills and Creativity, 2017, 26: 140-153.

[56] Chin, BD., Blair, PK., Wolf, CR., et al. Educating and Measuring Choice:A Test of the Transfer of Design Thinking in Problem Solving and Learning[J]. Journal of the Learning Sciences, 2019, 28(3): 337-380.

[57] Dym, LC., Agogino, MA., Eris, O., et al. Engineering Design Thinking, Teaching, and Learning[J]. Journal of Engineering Education, 2005: 103-120.

[58] Sung, E., Kelley, RT. Identifying Design Process Patterns a Sequential Analysis Study of Design Thinkng[J]. Int J Technol Des Educ, 2019, 29: 283-302.

[59] Burdick, A., Wills, H. Digital Learning, Digital Scholarship and Design Thinking[J]. Design Studies, 2011, 32: 546-556.

[60] Chou, DC. Applying Design Thinking Method to Social Entrepreneurship Project[J]. ScienceDirect Computer Standards&Interfaces, 2018, 55:

73−79.

[61] Bjögvinsson, E., Ehn, P., Hillgren, P. Design Things and Design Thinking: Comtemporary Participatory Design Chanllenges[J]. Design Issues, 2012, 28(3): 101−116.

[62] Cagnin, C. Developing a Transformative Business Strategy Trough the Combination of Design Thinking and Futures Literacy[J]. Technology Analysis & Strategic Management, 2018, 30(5): 524−539.

[63] Lugmary, A., Stockleben, B., Zou, Y., et al. Applying "Design Thinking" in the Context of Media Management Education[J]. Multimedia Tools and Applications, 2014, 71(1): 119−157.

[64] Zeithaml, VA., Parasuraman, A., Berry, LL. Problems and Strategies in Services Marketing[J]. Journal of Marketing, 1985, 49(2): 33−46.

[65] G. Lynn Shostack. Design Service That Deliver[J]. Harvard business review, 1984, 62(1): 133−39.

[66] Kingman−Brundage, J. Service mapping: gaining a concrete perspective on service system design[M]. in Scheuing, E. E. and Christopher, W. F. (Eds), The Service Quality Handbook, American Management Association, New York, NY: 148−63.

[67] Fließ, S., Kleinaltenkamp, M. Blueprinting the service company[J]. Journal of Business Research, 2004, 57(4): 392−404.

[68] Pires, G. and Stanton, P. The role of customer experiences in the development of service blueprints, presented at Australian and NewZealand Marketing Academy Conference.

[69] Solomon, MR., Surprenant, C., Czepiel, JA., Gutman, EG. A role theory perspective on dyadic interactions: The service encounter[J]. Journal of Marketing, 1985, 49(1): 99−111.

[70] Norman, R. Service management: Strategy and leadership in service business[J]. Journal of Organizational Behavior, 2010, 14 (3): 294−297.

[71] Stuart, FI., Tax, S. Toward an integrative approach to designing service experiences: Lessons learned from the theatre[J]. Journal of Operations

Management, 2004, 22(6): 609-627.

[72] Bitner, MJ., Ostrom, AL., Morgan, FN. Service blueprinting: A practical technique for service innovation[J]. California Management Review, 2008, 50(3): 66-94.

[73] Milton, SK., Johnson, LW. Service blueprinting and BPMN:A comparison[J]. Managing Service Quality, 2012, 22(6): 606-621.

[74] Hara, T., Arai, T. Simulation of product lead time in design customization service for better customer satisfaction[J]. CIRP Annals-Manufacturing Technology, 2011, 60 (1): 179-182.

[75] Normann, R., Ramírez, R. From value chain to value constellation: designing interactive strategy[J]. Harvard Business Review, 1993, 71(4): 65.

[76] Kazemzadeh, Y., Milton, SK., Johnson, LW. Service blueprinting and process-chain-network: an ontological comparison[J]. International Journal of Qualitative Research in Services, 2015, 2(1).

[77] Kazemzadeh, Y., Milton, SK., Johnson, LW. A Comparison of Concepts in Service Blueprinting and Process Chain Network (PCN)[J]. International Journal of Business & Management, 2015, 10(4).

[78] Chuang, PaoTiao. Combining Service Blueprint and FMEA for Service Design[J]. Service Industries Journal, 2007, 27(2): 91-104.

[79] Shimomura, Y., Hara, T., Arai, T. A unified representation scheme for effective PSS development[J]. CIRP Annals-Manufacturing Technology, 2009, 58(1): 379-382.

[80] Chen, HR., Cheng, B. Applying the ISO 9001 process approach and service blueprint to hospital management systems[J]. Tqm Journal, 2012, 24(5): 418-432.

[81] Randall, L. Perceptual blueprinting[J]. Managing Service Quality, 2013, 3(4): 7-12.

[82] Boughnim, N., Yannou, B. Using Blueprinting Method For Developing Product-Service Systems [C]// Engineers Australia, 2005.

[83] Geum, Y., Park, Y. Designing the sustainable product-service integration:

a product-service blueprint approach[J]. Journal of Cleaner Production, 2011, 19(14): 1601-1614.

[84] Lee, CH., Wang, YH., Trappey, AJC. Service design for intelligent parking based on theory of inventive problem solving and service blueprint[J]. Advanced Engineering Informatics, 2015, 29(3): 295-306.

[85] 宝莱恩（Polaine A），乐维亚（Lovile L），里森（Reason B）．王国胜等译．服务设计与创新实践［M］．清华大学出版社，2015：113-116.

[86] 刘洋，李克，任宏．服务设计视角下的共享单车系统分析［J］．包装工程，2017，38（10）：11-18.

[87] 楚东晓，彭玉洁．服务蓝图的历史、现状与趋势研究［J］．装饰，2018，301（5）：120-123.

[88] 楚东晓．服务设计研究中的几个关键问题分析［J］．包装工程，2015（16）：111-116.

[89] 松冈由幸，et al. もうひとつのデザイン：その方法論を生命に学ぶ［M］．東京：共立出版，2008，14.

[90] 姜颖，张凌浩．服务设计系统图的演变与设计原则探究［J］．装饰，2017，290（67）：79-81.

[91] 丁熊，刘珊，胡方圆．服务设计中系统图与商业模式画布的异同性研究［J］．美术学报，2021，3：123-128.

[92] Jégou, F., Manzini, E., Meroni, A. Design Plan: a Tool for Organizing the Design Activities Oriented to Generate Sustainable Solutions[J]. Solution Oriented Partnership, Cramfield University, Cranfield, 2004: 107-118.

第5章
为服务而设计（D4S）

服务产品设计

第 5 章
为服务而设计 (D4S)：
服务产品设计

服务经济时代，越来越多的制造业企业发现，基于实物产品的服务在企业利润中所占的比重越来越大，许多制造型企业如 IBM、通用电气、苹果等公司已调整企业发展战略，从基于单纯的科技创新的有形产品发展模式转向基于产品的附加价值创造的服务创新发展模式。服务型制造（SOM：Service-oriented Manufacturing）就是在这样的背景下逐渐走上前台。

SOM 是指通过网络化协作实现制造向服务的拓展以及服务向制造的渗透，最终通过产品服务系统（PSS：Product Service System）既为客户创造价值，又能实现企业自身的盈利。

目前，制造型企业服务创新包括三种模式：（1）基于现有

企业产品的服务开发，（2）面向特定关系的服务创新，以及
（3）提供整体客户问题解决方案的创新。[1] 库克（Cook）指出，
制造型企业在进行服务创新时，从过程方面考虑有产品和服务两
种导向：产品驱动的服务创新，主要通过加强产品的服务属性来
增加价值；服务导向的服务创新，则认为客户价值来源于服务，
产品是服务的载体。[2] PSS 的开发与提供过程本质上是制造型企
业开展服务创新的过程。[3]

　　然而，制造型企业将服务加入其业务是有难度的，企业需要
清晰地理解新的游戏规则。制造型企业在向服务化转型过程中，
其身份也相应地发生着变化，由实物产品制造商转变为"产品 +
服务包"提供商。

　　现阶段，我国制造型企业在价值链"微笑曲线"两端的研发
能力相对薄弱，在服务化转型与升级的过程当中，以实物产品为
载体，专注于设计更多创新性服务将是制造型企业未来竞争发展
的一种长期策略。服务将会在企业参与市场竞争中扮演越来越重
要的角色，走以服务为导向的制造（SOM）模式有助于企业业务
从单纯的制造延伸向"微笑曲线"价值链的两端。

　　对我国制造业而言，在同时向工业化和服务化迈进转型与升
级的过程当中，结合实物产品为核心的技术创新和以价值创造为
核心的服务创新，大力发展服务产品的设计与开发，是促进制造

企业从"生产型制造"向"服务型制造"转型的必经之路。

5.1　"服务产品"的内涵：从造物到造义

20 世纪 90 年代后期，联合国环境计划署率先提出产品服务系统（PSS）概念。1999 年，学者哥德库（Goedkoop）最早对 PSS 概念进行解读，认为 PSS 是由产品、服务、组织者网络和支持设施所组成的系统，其目的是保持企业的产品竞争力，满足顾客需要。PSS 相较于传统商业模式和制造模式而言更能降低产品、服务和人类活动对环境造成的影响。[4] PSS 的核心基础仍然是产品，产品设计则是现代工业设计的核心。

工业设计的英文是"Industrial Design"。英文里，"Industrial"既有"工业的"意思，又有"产业的"内涵。我们用"产业设计"重新界定"Industrial Design"，并在此框架内重新理解人工制品主导设计范式与服务主导设计范式下产品设计的角色和地位。

在人工制品主导的设计范式之下，产品设计被视为工业设计（Industrial Design）的核心。而在服务主导的设计范式之下，服务设计成为产业设计（Industrial Design）一支新兴的重要力量，服务（抽象的 service）系统中的服务（具体的 services）作为另一种形式的"人造物"而存在，与产品（products）相对应，此范式下的服务（services）和服务产品（service products）共同构成"仁品"（抽象的 service），成为"为服务而设计（D4S：design for service）"的服务系统的设计对象 [5]（表 5.1）。

在产业设计的语境下，产品设计的开发历程大致可以划分为四个阶段，表 5.1 详细阐释了在产品设计开发的文脉之下，作为人工物（artifacts）的"产品"的演变阶段和"产品"自身内涵的演化过程。具体而言，在人工制品主导的设计文脉中，人工物的发展历史大致可以划分为"物品（goods）→产品（product）→商品（commodity）"三个阶段。[6] 而在服务主导的时代，产品以仁品（Service）的形式存在。

产品设计文脉下人工物内涵在时间轴上的演化 　　表 5.1

时间

人工制品主导时代			服务主导时代
物品（Goods）	产品（Product）	商品（Commodity）	仁品（Service）
·面向"使用"	·面向"大量制造"	·面向"市场"（利润）	·面向"服务"
·使用价值	·交换价值	·经济价值	·感性价值
·以"物品"为关注点	·以"技术"为中心	·以"市场导入"为导向	·基于"系统"
·手工艺人自给自足式手工艺品设计	·企业生产、技术主导式样设计	·对应消费者的显性需求用户为中心的设计	·生活者潜在需求的开发用户提案型设计
·为实现人的某种目的，单纯从"工具"的视角派生而出的含义	·从有用性、功能性派生而出的含义	·从品牌、市场等的象征性、多样性方面派生而出的含义	·从环境和社会责任派生而出的含义

5.1.1　物品

在以"物品"为对象的人工制品设计阶段，对于"物品"的经济学理解，萨伊（Say）在其《政治经济学概论》一书中认为，人们所给予物品的价值，是由物品的用途产生的。所谓生产，不是创造物质，而是创造效用。至于交换，他认为，当一个人把一件东西卖给别人时，事实上等于把这个东西的效用卖给别人。[7]

在物品（goods）时代，制造人工物的目的主要是为了使用，物品的使用价值得到极大重视。这时期设计主要体现为手工艺人自给自足式的手工艺品设计。作为设计对象的物品是人类手功能的延伸，仅以工具的概念而存在，其目的是满足和实现人类的日常生产和生活活动。

物品时代产品设计的重点是为物品创造使用价值，最大限度地通过制造工具这样的造物活动方便人们的日常生活，掌握着各行各业精湛技艺的手工艺人扮演着设计师的角色，他们用"工匠精神"一代代传承着祖先留下来的优秀民间技艺和传统手工艺。如创立于 1663 年，至今有 356 年历史的百年老店品牌"张小泉"，"张小泉"专业做剪刀、道具，其制造的剪刀因出色的性能和质量远销海内外。

5.1.2　产品

第一次世界大战之后，工业设计开始正式走上产业发展的舞台，物品的设计与生产不再仅限于单纯为人造物创造使用功能，追求有用、易用和用户友好逐渐成为制造型企业必须认真考虑的重要内容。可用性和功能性成为工业设计师设计开发产品时关注的重点，这时候设计的特征更多地转向赋予物品多样化形态的式样设计（Styling Design）。

这一时期随着新材料、新工艺的不断出现，机械化生产等科技进步使标准化、批量化和大规模生产制造成为可能，生活用品开始变得丰富多样，人们的物质生活水平得到极大提高，这进一步极大地刺激了人们的消费需求。技术进步使得人们的消费需求和购买欲望得到了极大的释放，人们的消费观念也悄悄发生着变化，"大量制造→大量消费"的消费观念开始流行。这时的人工制品更多地体现出机械化加工制造的特点，这一阶段可以称作产品设计与开发中的产品（product）阶段。

产品阶段的设计研发主要是面向市场，以满足普罗大众的消费欲求为目标，那些好卖、能在市场交易中取得经济效益的产品被公认为是好的产品，为产品赋予能在市场交易中取得优势的交换价值是产品设计师的主要职责。"产品"阶段的设计更多地得益于技术的持续进步所带来的设计上的可能性。

5.1.3　商品

进入 20 世纪 70 年代，石油危机横扫全球，产品只要生产出来就一定能卖出去的传统观念被颠覆。由于能源短缺，"大量消费"的生活观念面临巨大挑战，人们在日常生活中需要不断节约生活成本，甚至降低消费，消费降级导致企业制造出来的产品大量积压卖不出去，极大地影响着设计的发展，设计师不得不重新审视究竟应该设计出什么样的产品才能赢得客户的信赖，满足市场的需求，进而赢得市场竞争优势。

经过市场调研后发现，那些重理性和实用性的资源节约型产品格外受消费者的欢迎。面对日渐萧条的市场和消费能力不断下降的消费者，对于企业而言，只有建立自己的营销战略，从用户的角度出发瞄准消费者真正的潜在需求，有针对性地加强产品设计与开发，才能够设计出消费者真正喜欢的、物美价廉的适销产品，这样的产品也才能最终赢得消费者和市场。"够用就好"是这一时期普通消费者的普遍需求，而那些迎合消费者这种需求、提前转型的企业最终都取得了市场竞争的优势地位。这一时期，市场导向（market-in）的营销策略开始受到重视，设计只有认真应对市场终端消费者的需求才能将产品售卖出去。[8]

与"产品"阶段相比，该阶段的人工制品更多地体现为商品（commodities）的属性，由于消费者需求的多样化和大批量制造技术的推进，市场上充斥着大量拥有超级功能和高性能的产品。这一时期，对任何企业而言，单纯考虑产品的品质和价格已不足以让企业赢得竞争优势，已经职业化的产品设计所能够为制造型企业带来的高附加值开始受到市场的极大关注，设计驱动的研发模式被认为是商业成功的制胜武器。

在"商品"阶段，产品设计能够帮助制造型企业取得商业上的成功已经成为共识，好设计即好商业（Good design is good business），已经成为企业商业设计成功与否的重要评判标准。美国《商业周刊》曾估算，企业在工业设计研发中每投入 1 美元的价值将获得 1500 美元的回报。产品设计的使命也变得越来越清晰：不断细分消费市场，通过创造品牌和经济价值实现企业利润最大化。

这一时期，以用户为中心的设计（UCD：User-Centered Design）开始受到市场追捧，设计正从"技术中心型"向"信息中心型"转变，以满足终端消费者的显性需求。"商品"的内涵也正是基于品牌和市场的象征性及多样性派生而来，工业设计在这一时期发展到了极致。然而由于商品阶段的企业对于技术和市场的过分依赖，认为市场受欢迎的商品就是消费者最真实的需求。什么商品好卖就制造什么商品，结果大量同质化的商品被制造出来，许多制造业企业开始出现严重的产能过剩，企业不得已采用不断降价的策略来迎合消费者，最终陷入打价格战的恶性竞争当中。

　　企业的逐利本性使得企业只考虑利润而忘记了消费者真正的诉求是什么。"大量消费→大量废弃"的生活方式和消费观念尽管带来了生活上的极大便利，其恶果也逐渐显现。人类的过度消费和无节制欲望导致大量功能尚好的产品被废弃，用完即扔的一次性消费理念带来了自然、生态、道德和人类发展等一系列深刻的社会危机和环境问题。可持续设计与发展成了摆在人类面前不得不慎重考虑的终极课题。作为终端消费者的我们究竟需要什么样的产品、需要什么样的设计？产品设计师必须担负起责任并寻找到合理的解决方案。

5.1.4　仁品

　　进入 21 世纪，消费品市场上开始充斥着大量的过剩商品，环境问题日益严峻，人们开始对长期以来在经济和社会活动中奉行的"大量制造→大量消费→大量废弃"的生活方式和消费观念进行反思。

　　研究发现，传统的产品设计习惯于通过市场调查来获取用户需求，从市场表现来看，这样的设计并不一定能让商品更有吸引力，那么消费者的真正需求是什么呢？如果我们从"生活者"的角度重新审视用户需求，就会发现：用户真正想要的并不是具体有形的商品，而是通过商品所获得的良好服务或使用体验。这告诉我们一个事实：人类社会已经进入通过服务设计创新进行感性价值创造的时代，通过为产品创造感性价值进而为用户带来精神上的愉悦和良好的服务体验正成为企业获得商业成功的优势。服务主导设计时代的典型特征表现为设计的对象不再是有形的"物"，而是在考虑环境导向和社会责任的前提下，从系统的角度为生活者提供的"服务"和"体验"。

值得一提的是，在服务主导设计范式下，"生活者"与"消费者"的概念存在差异，"生活者"不仅指那些经济学意义上以"购买"和"消费"为特征的消费者用户群体，还包含那些社会心理学和政治因素含义下的每一个生命个体。换句话说，"生活者"指那些充满着不能忽略的、丰富情感的消费者，已经超越了"消费者"的经济学内涵。日本博报堂于 20 世纪 80 年代引入生活者（sei-katsu-sha）概念，用来对"消费者"的生活进行360°视角的解读。

基于上述对服务时代产品内涵和社会意义的理解，我们将这一阶段的人工物（products）与其所提供的服务（services）一起称为"仁品"。"仁"是儒家的最高美德，意味着宽容、爱和同情心；"仁"是一种伦理，力图构筑"与他人友谊"和"给人怜悯"之间的共生关系。因此，"仁品"的内涵包括经过创造而来的"物"和"事"，目的是实现人的富裕生活和由"仁"构筑的社会。"仁品"的最大特点是通过创造感性价值这一附加价值为"生活者"带来福祉。

图 5.1　产品文脉时间轴上不同时期所强调的人工物的价值类型

服务产品本质上是"仁品"。瓦格（Vargo）将服务系统界定为一种价值创造配置系统。[9] 对上述人造物演化文脉进行回顾，可以发现，作为人造物的服务产品包含三种类型的价值：使用价值、经济价值和感性价值（图 5.1）。

其中，使用价值被定义为"产品本质上所拥有的功能方便性和象征交互关系的可操作性之间的融合"。经济价值，从经济学角度又被称为交换价值，是综合比较旧产品操作成本和新产品购买成本后得出的价值，经济价值通过"物"的交换来实现。[10] 感性价值由于涉及产品使用中的生活者感受或者说是一种心理价值，因而不同于产品外观上的感受性以及可操作性。

由图 5.1 可知，随着时间演变，在产品设计发展进化的不同阶段，设计师在设计创新中所关注的产品价值类型有所不同。具体而言，在人工制品主导时代，使用价值和经济价值最受关注和期待，企业在新产品研发中更多关注开发产品的新功能和经济利润方面的回报；而消费者则更在乎企业所开发的产品是否真正满足自己的使用需求和消费预算。进入服务主导时代，基于生活者、企业及设计师等利益相关者共创的感性价值受到更多的关注和期许。共创（Co-Creation），顾名思义，共同创造，是一个全新而富有创新性的营销圭臬，它力图实现生活者对品牌产生忠诚度。对服务产品而言，共创是实现感性价值创造的关键方式和手段。

普遍认为，感性价值创造是增强产品核心竞争力，破解目前存在的消费主义过剩势头的良药。乔纳森·查普曼认为，人与产品之间的关系是一种以情感维系的伴侣关系[11]。产品被大量消费之后又被大量废弃，实际上是人与产品之间情感关系维系失败的体现，要实现产品的可持续性，就必须通过各种方法维护这种情感。

关于情感（emotion），学者舍雷尔（Scherer）认为对情感进行定义是异常复杂的问题。来自认知研究领域的定义认为，情感是一个评价过程，由人们对其解释、评价或评价所处环境的方式来决定。就像人们从不会对自己所养的宠物感到过时那样，设计师所设计的产品也要像宠物一样能够让消费者产生存在感、参与感并建立相互依赖的伙伴关系是服务产品设计的重要内容。

5.1.5 服务产品的造义

在服务产品的设计创新中，感性价值创造与产品意义构建紧密相关。研究发现，消费者选择产品的过程实质上是寻找产品意义的过程，意义成为维系产品与人之间关系的情感纽带。产品意义一般由共通意义和独特意义两部分组成。

共通意义体现的是产品的共通性，主要表现为产品的功能意义，可以理解为产品的内涵属性。而独特性则体现的是产品的象征意义，属于产品的外延属性，该属性因不同人有不同的理解而产生对产品的认知差异，正如"一千个读者心中有一千个哈姆雷特"一样，不同的人（例如，用户 A、B、C）对同一个产品的象征意义可以有完全不同的解读（图 5.2）。

学者认为产品的意义包含三个典型特征：多义性（plysemy）、语境敏感性（contextual sensitivity）和共识（consensus）。[12] 共识与产品意义的功能性相联，而多义性和语境敏感性是形成产品意义独特性的重要属性，正是由于产品意义中独特部分的存在，使得产品的多样性和多元化成为可能，这种多元化和多样性维系着人类健康的情感寄托。

一般而言，作为产品共通性的功能维持着产品能够正常运转，发挥其基本的使用功能。而产品意义中的独特性部分，其

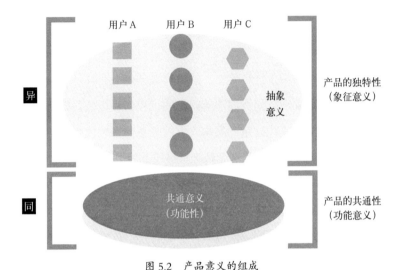

图 5.2　产品意义的组成

多样性和多元化的特点能让不同的消费者依据各自不同的使用经验、使用习惯和人生阅历，对产品产生各自独特的理解和解读，从而张扬出产品的个性，映衬着用户的品位、身份和地位，让消费者产生该产品是自己独一无二的存在的认知与情感依恋，这种情感依恋是感性价值创造的着力点，也是品牌构建的核心部分。

美国高科技企业苹果（Apple）公司每上市一款新产品都能引起消费者的追捧，尤其是同一款产品（例如 iPhone）能够让不同阶层的消费者趋之若鹜、情有独钟，正是产品的独特意义发挥了巨大的作用。

图 5.3　生命周期不同阶段产品意义的演变过程

　　服务产品感性价值创造的核心即是创造产品的象征意义。可以这样说，不是功能，而是象征意义这种精神上的属性才是服务产品的真正性别。造义（meaning-making）是创造感性价值，实现产品差异化的重要手段。服务产品的设计过程本质上是造义的过程，在服务产品生命周期的不同阶段，造义的内涵有着不同的表现形式。由图 5.3 可知，依据产品意义的演化可以将服务产品的设计过程划分成"设计→消费→使用→废弃"四个阶段。

　　在设计阶段，设计师将功能意义赋予服务产品，对设计师而言，这是产品意义的创造阶段，也是产品创新的起点。在消费阶段，消费者通过寻找、比较与产品互动，发现产品的功能意义，并借助消费者的购买行为，产品的功能意义从制造商传递给消费者。社会学家帕斯·福尔克（Pasi Falk）认为，消费是一种意义挪用和转变的多变化及超越过程。[13]

　　在使用阶段，消费者借助自己的经验使用产品，良好的产品性能和高品质这些功能意义给消费者带来了良好的使用体验，并在消费者的不断使用中，根据消费者自己的使用方式、使用习惯和经验，对产品意义的多义性和语境敏感性进行个性化的理解和解读，产生移情并触发消费者情感上与产品的共鸣、唤起美好的回忆，最终形成产品意义的独特性部分，亦即创造感性价值的象征意义部分。

换句话说，产品的象征意义并不是一直存在的，只有在与消费者的互动过程中才能够被激发、成长起来，产品的象征意义抵消着随使用时间变化产品物理价值不断衰减所造成的产品功能意义逐渐丧失的宿命。而当产品废弃之日，即是消费者终止产品"意义"之时，此时产品之所以被废弃，除了功能衰减造成使用价值丧失外，更重要的是因为产品失去了象征意义，丧失了感性价值。

设计的本质是构建一种关系，人与产品之间的关系以情感为依托，而废弃产品实际上是这种关系失败的一种体现。如果服务产品能够像古董一样随时间而增值进而变得价值连城，像红酒一样随时间沉淀而变得口感醇厚、历久弥香，就能够一代代传承下去，即便功能上的使用价值丧失殆尽也不但不会被消费者废弃，反而会被消费者所珍藏和怀念，就像小学校服的纪念意义让我们知道它的收藏价值一样，这即是感性价值创造所追求的至高境界。

时代不同对设计师能力的要求也不同，相应地设计师也必须不断调整自身角色和产品设计的重心：从关注"造物之美"的形态设计，到潜心挖掘用户需求和理解消费行为的"以人为中心的设计"。形态设计和以用户为中心的设计均重视创意、外观、品质和消费者需求，立足于"人"，是以"产品"为设计对象的设计模式；发展到如今的服务设计范式下，重视文化、产品意义以及设计方法的研究驱动，立足于人的"体验"，以产品为载体，以"人"为服务对象的设计模式，重视产品设计中的"造义"活动、产品所表达的文化内涵以及产品与用户之间的互动关系的构建，对设计师能力的要求不断提高。从"造物"到"造义"是服务设计范式下服务产品设计发展的新趋势。

身处从"造物"向"造义"转型时代，服务设计范式下服务产品的"造义"正成为设计师必须认真对待的重要课题。如今依然是产品为王的时代，对产品设计师而言，如何适应服务设计范式对产品设计与创新提出的新要求，不仅关注产品的"美"，还要更多地关注产品的"义"，关注产品带给人的使用体验与情感愉悦，让所设计的服务产品能真正实现科技之真、反映人文之善、体现艺术之美，将成为未来设计师不可回避的终极课题，这是因为设计师担负着越来越重要的社会、环境和生态责任。[14]

5.2　设计创新的新动力：第四价值轴设计

2008 年 5 月 22 日，日本经济产业省发布《感性价值创造研究报告书——第四价值轴提案》，倡议将感性价值创造作为新的价值轴。提案指出，制造型企业除了开发产品新功能、研发新技术之外，更要通过创造感性价值来为企业提供高附加值。该提案的目的是应对日本社会面临的人口下降、出生率低下，以及日益严峻的人口老龄化等社会问题，以促进经济和社会的发展。

高功能、高信赖性和低价格长期被产品制造型企业尊奉为赢得市场竞争力的三大制胜法宝。然而，随着感性消费时代的到来，对服务产品而言，单纯的功能优化、价格竞争和技术创新已不再是吸引消费者选择购买产品的关键因素。消费者在使用产品的过程中自我意识不断加强，产品设计的创新逐渐从强调功能主义转向注重产品的符号与语义创新。

在新产品的研发过程中，产品制造者将消费者的喜好与偏爱等感性诉求形成故事，积极与消费者沟通商品的概念或者服务承诺，提升产品的用户友好度和消费者的使用乐趣、安全感，为消费者创造共感的产品体验和舒适的生活方式，正日益成为吸引消费者（使用者）对制造者产生品牌依赖、驱动服务产品创新的新增长极。这时候，产品成为连接制造者和使用者之间情感关系的纽带。制造者和使用者密切联系、共同创造形成新型的制造形式，而感性价值成为功能、价格和用户信赖度之上为服务产品增值的第四个重要因素（图5.4）。

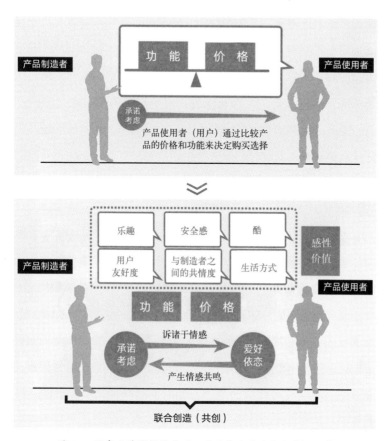

图 5.4 服务主导逻辑范式下不同于传统的功能和价格之外
服务产品的新价值轴：感性价值[6]

5.2.1 新设计方法论：时间轴设计

进入 21 世纪，世界上大多数国家都面临调整产业结构的压力，现有的产业结构阻碍了生产力的发展和国家竞争力的提升。

例如，日本产业界目前正经历着结构转型：诸如伴随着人口递减而来的对工业产品需求数量的减少，以及来自中国的竞争压力。另一方面，人们越来越渴望使用物理层面上实用、生理层面上可用、心理层面上舒适，以及主观、情感层面上具有吸引力的产品。因此，针对消费市场，很有必要再回到一个根本的问题，究竟什么是好的商品和好的服务？以便确定针对差异化和创新所需要的东西，从而帮助产业界维持和提升它们的市场竞争力。

长期以来，人们在生活中习惯于根据需要向大自然索取资源，来生产、制造能够满足自己生活所需的物品，即使这些物品用旧了或者用坏了，他们第一时间想到的也是经过维修后继续小心翼翼地使用它。然而，自工业革命以来，由于生产技术的巨大进步，很多生活材料开始变得唾手可得，人们的物质生活得到了极大丰富，整个社会开始转向"大量制造→大量消费→大量废弃"的高速发展模式，消费者开始对产品变得挑剔起来，不仅要求产品具有良好的性能，还要求产品能够满足消费者的个人喜好，外形看起来要酷，并且可以依据消费者的不同需求实现私人订制，这些因素在选择产品时变得非常重要。

购买后的维修服务和体验也日渐受到消费者重视，产品具有更高的质量、能够使用更长的时间。这种方式下人们的生活和价值观随着时代发展逐渐产生了变化。然而，传统的设计理论并未考虑到伴随时代变化所出现的价值观变化以及产品周围的环境变化。作为尝试，将时间因素纳入设计研究很有意义。

一般而言，产品价值创造过程中时间因素不可忽视。[15] 日本学者松冈由幸提出了时间轴设计理论。时间轴设计，顾名思义，是将时间因素导入设计理论和设计方法论研究的一种新的设计形式。时间轴设计是一种新的设计范式，强调不去关注产品怎样不断适应其使用环境和使用方式在时间轴上所发生的变化，而是关注产品自身在时间轴上是如何进行变化的。

时间轴设计理论主张在产品价值创造过程中，(a) 从产品内部系统进行设计创新更容易创造价值；(b) 考虑产品精神价值创造的价值增长效果显著；(c) 综合考虑产品内、外部系统影响因素的价值增长效果更显著。该理论强调与其关注"产品怎样不断适应其使用环境和使用方式在时间轴上所发生的变化"，更应关注"产品自身在时间轴上是如何进行变化的"。[16]

时间轴设计理论有两大支撑技术：技术的生命化和技术的服务化。技术的生命化认为，产品拥有生命所拥有的学习、记忆、遗传等进化功能，具有生命力、稳健性和环境自适应性，产品靠自身的内在生命进化可以不断适应使用环境，维持稳定的机能，从而达到长期使用的可能。技术的服务化则通过实施服务，培育产品和使用环境之间的关系，如迎合消费者口味的产品定制，针对产品劣化的维护服务等。

基于时间轴设计理论，松冈由幸提出了产品价值演化的 5 期模型：价值发现期（购买产品）→价值实感期（体验产品性能）→价值成长期（产生偏爱和共鸣）→价值定着期（产品成为用户不可替代的组成部分）→价值传承期（产品体现用户身份，传递象征意义）。

产品价值演化 5 期模型指出了价值成长过程中产品与消费者之间的关系演化过程。[16] 松冈由幸从宠物和主人之间情感纽带的构建，以及电子邮件系统中情感纽带维持和深化的时间轴设计案例方面进行了实证分析。[15] 时间轴设计理论指出，时间因素是影响产品价值创造的重要因素，动态研究时间维度的产品价值对产品创新与设计具有重要意义（图 5.5）。

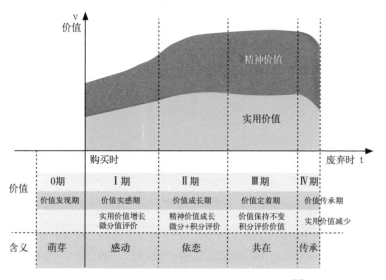

图 5.5　时间轴设计理论的 5 期价值成长模型[16]

具体而言，时间轴设计理论认为，产品的属性空间包括物理空间、信息空间、意义空间和价值空间等多个层次[16]，如惊喜、共鸣和感动等导致感性价值生成的不同情感属性涉及不同层次的产品属性空间。

感性价值是一个长期累积、由量变到质变的过程；随着时间演化消费者需要产品提供的必要信息逐渐减少，而消费者与产品情感共鸣和行为同构的信息（共有信息）逐渐增多，文脉共感度（context）渐高。[17] 时间轴设计理论提出了产品的物质和精神价值在时间轴上的演化周期模型，这为产品与服务设计时理解人的感性的内涵和感性价值的生成机制提供了理论基础。

5.2.2　第四价值轴设计

一般来讲，随着时间变化和不断使用，产品的价值会逐渐减少，直至产品被完全废弃，这是工业产品无法摆脱的宿命，因性能老化、功能劣化导致的价值衰减是产品遭淘汰的主要原因。在此现象下，运用各种方法延长产品的物理寿命，延缓产品价值的衰减速度，进而增加产品的使用时间是传统工业设计和产品研发的主要课题，这样的设计被称为价值衰减型设计。

另一方面，技术加速了产品的快速迭代，导致产品出现严重的同质化现象，这使得产品缺乏高附加值和差异化，极易过时、丧失对消费者的吸引力，不能适应复杂多变的产品使用环境和主观感性的消费者的个性化需求。结果大量功能尚好的产品未尽其用即被消费者随意淘汰或废弃，不但造成巨大的资源浪费和环境压力，极大地制约了可持续社会的构建与发展，而且导致企业产品因缺少差异化而丧失市场竞争力。

对企业而言，产品的高品质未必能带来高收益，严重的产品同质化现象让缺乏品牌知名度和顾客忠诚度的企业陷入恶性竞争的"红海"之中。相反，许多创新型企业通过设计创新创造独特的产品服务和用户体验而大量"圈粉"，不同类型消费者通过产品使用都能感受到自己的与众不同，进而对产品和品牌保持忠诚和喜爱。如 iPhone 智能手机长时间拥有大量忠实"果粉"，一度成为智能手机的代名词。大众甲壳虫汽车造型时尚、独特、可爱，受到众多中产阶级年轻女性的青睐，这些产品都能够让拥有它们的消费者感受到体面和荣耀。

毫无疑问，甲壳虫汽车是好的产品，iPhone 为消费者带来了独特的体验和服务也是好的产品。好的产品或服务通常被定义为：依靠技术、设计、可靠性、功能和成本等要素的支撑，能够实现制造商的意图、品位、趣味性、美感以及概念的东西；通过对制造商欲向用户传递的信息或讲述的故事进行可视化表达及传播交流，能够唤起用户情感和共鸣的东西。具有这样特质的产品或服务为企业创造了独特的精神价值——感性价值，感性价值作为一种附加价值，是除了高功能、高信赖性和低价格之外企业产品开发的第四价值轴（图 5.6）。

在服务产品设计中，感性指的是一种高度有序的大脑机能，包括灵感、直觉、快乐和痛苦，以及品位、好奇心、审美、情绪、感受性、依恋（日文称为爱着感）和创造性。与强调功能和价格的传统产品价值轴不同，感性价值更加重视用户和制造商之间通过产品使用所产生的共鸣，这最终能够为企业产生巨大的经济效益（图 5.4）。这种共鸣主要体现为用户和制造商之间的联合创造（共创）。

也就是说，用户将自己的需求反映给制造商，制造商将这些需求和信息视觉化为具体的产品，并借助产品实现和用户的沟

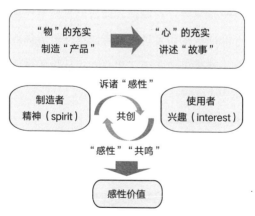

图 5.6　感性价值：制造者和使用者通过共创行为创造出的 +a 附加值

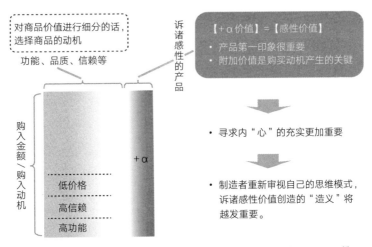

图 5.7　感性价值：高功能、高信赖性、低价格之外的第四价值轴 [6]

通，向用户讲述独特故事（图 5.6）；而用户通过使用享受产品所带来的新的体验和感受，比如快乐、安全感、产品的用户友好性以及改变了的生活方式等。对消费者而言，通过产品或服务寻求内心的充实更加重要；对制造者而言，重新审视自己的思维模式，在新产品和服务的研发过程中诉诸感性价值创造的"造义"更加重要。创造感性价值实现了用户需求从物质满足向情感满足的转变（图 5.7）。

5.3　感性价值创造模型

　　1979 年，未来学家约翰·奈斯比特（John Naisbitt）在预测人类未来发展的《大趋势》时曾指出，无论何处人类都需要有补偿性的高情感（High Touch）；我们的社会里高技术成分（High Tech）越多，我们就越希望创造高情感的环境，用情感软性的一面来平衡技术硬性的一面。[18] 工程师通过科技创新影响人类的日常生活，设计师则借助情感设计让消费者获得精神和心灵的慰藉。

商业社会，消费不再仅仅是对价值的消耗，消费同样能够创造价值。工业主义时代的价值创造观，利用二分法来看待消费，将消费和生产对立，把生产看作是价值的创造行为，而消费是对价值的消耗。这种价值创造观已经不能适应当前形势的要求，取而代之的是后现代主义的价值创造观，主张价值并非仅由企业的客观生产活动所创造，消费活动同样能够创造价值，消费和生产没有本质的区别。后现代主义的价值创造观念将产品和服务联系了起来，从系统的角度审视服务产品的价值创造，强调消费侧用户的情感与体验在价值创造中的重要作用。

5.3.1　何谓感性？

要创造感性价值，首先要理解什么是感性。感性的日文发音为 Kansei，是日本语"カンセイ"的音译。"Kansei"是日本明治时代思想家西周在介绍欧洲哲学时所创造的用语。在日本，常将英文的"sensibility"和德文的"sinnlichkeit"翻译成 Kansei。例如，1921 年，天野贞佑在翻译康德的《纯粹理性批判》时，将

德文 "sinnlichkeit" 译为 "Kansei"。1995 年，日本广岛大学长町三生（Nagamachi）将 "Kansei" 定义为个体综合运用所有感官（视觉、听觉、触觉、嗅觉、味觉）以及认知，从某个特定的人造物、环境或情景中所获取的主观印象。[19] 1998 年，日本筑波大学原田昭（Harada）教授将大约 60 名研究员所提供的 "Kansei" 一词的定义进行数量化Ⅲ类分析，总结得出 "Kansei" 的五大维度 [20]：

1. "Kansei" 是一种主观的、不可以用逻辑解释的大脑活动；
2. "Kansei" 是在先天中加入后天的知识与经验而形成的感觉认知的表现，"Kansei" 作为一种认知表达，受到每个人的知识结构和经验影响；
3. "Kansei" 是直觉和智力活动交互的结果，是直观与知性活动的相互作用；
4. "Kansei" 是对于美与快感等外界事物特征的直观反应与评价的能力；
5. "Kansei" 是一种创建意象（image）的心理活动。

基于上述理解，原田昭将 "Kansei" 定义为一种大脑（高级功能）内部活动，并参与构建对外部刺激的直觉反应。

2002 年，李（Lee）等人将 "Kansei" 定义为人类思维过程的一部分，涉及感觉（feelings）、情感（emotion）和创造力

(creativity)。[21] 2007 年，日本经济产业省（METI）将"Kansei"
定义为大脑的高阶函数活动，包括灵感、直觉、快乐、痛苦、品
味、好奇、审美、情感、敏感、依恋和创造力等。[22] 同年，筑波
大学综合人文科学研究所学者列维（Levy）将"Kansei"定义为：
(1) 印象（impression）和敏感（sensitivity）；(2) 一个日语词汇，
意为敏感的情感；(3) 包含感受认知等方面的含义，如：人的感
觉、感受、敏感、和心理反应等；(4) 与英语中体验设计和情感
(emotion) 的概念相对应的日文术语。[23]

美国亚利桑那州立大学学者金姆（Kim）和博拉德卡尔
(Boradkar) 认为，感官（senses）刺激唤起了感觉（sensation），
感觉经过心理反应产生知觉（perception），最后感觉和知觉会
产生情感、理性、伦理、艺术、文字、社会和文化理解等能力，
这称为感性或识别力（sensibility）。[24] 瑞典林雪平大学学者舒
特（Schutte）认为，感觉的输入能够促使感性（Kansei）和主
观价值（如感性、感觉、感情、直觉）的建立[25]，Kansei 被
定义为一个内部概念，有三个基本支柱，品味（taste）或情感
(sentiment)、情绪（feeling）、感情（emotion）。

综合学者对感性定义的理解，本研究通过实验对相关学者的
感性定义进行分析，抽取出 19 个关键词（表 5.2），并运用数量
化 III 类和聚类分析方法，分析了现有感性定义的内涵之间的相
关性。数量化 III 类得到的前三轴的累积贡献率达到了 81.91%，

感性（Kansei）关键词提取的原始数据　　　　　表 5.2

Scholar or institution \ Keyword	Inspiration	Intuition	Aesthetic	Emotion	Sensibility	Sensitivity	Attachment	Feeling	(all) Senses	Artifact	Environment	Situation	Impression	Affection	Experience	Knowledge	Intelligent activity	Image	Creativity
METI	1	1	1	1	0	1	1	0	0	0	0	0	0	0	0	0	0	0	1
Damaiso	0	0	0	1	0	0	0	1	1	0	0	0	0	0	0	0	0	0	0
Nagamachi	0	0	0	0	0	0	0	0	1	1	1	1	1	0	0	0	0	1	0
Lévy et al.	0	0	0	1	0	1	0	1	1	0	0	0	1	1	1	0	0	0	0
Harada	0	1	0	0	0	0	0	0	0	0	0	0	0	0	1	1	1	1	0
Lee	0	0	1	1	1	1	0	1	1	0	0	0	1	1	0	0	0	0	1
Schütte	0	0	1	1	1	0	0	1	0	0	0	0	0	0	0	0	0	0	1

说明 19 个关键词能够有效、明显地概括学者们对感性的理解以及不同定义之间潜在的相关逻辑关系，对这些关键词所代表的空间点进行散布图可视化后可得出关键词在 1-2 轴的分布图（图 5.8）；运用聚类分析法可将 19 个关键词划分成 C1-C3 共三个群组（图 5.9）。

群组 C1 中"aesthetic → sensitivity"研究的是产品美学和用户的敏感度，德国哲学家鲍姆嘉通（Baumgarten）认为审美是感性认知的表现，Aesthetic 的词根是 ahenk，意为用感官去感知，两个词都强调了感知。"senses → impression"研究的是五感——视觉、听觉、触觉、味觉和嗅觉——在外部刺激下所产生的印象。"feeling → sensibility"共 4 个关键词，研究感官感知后产生的感受（feeling）、情绪（affection）、情感（emotion）等心理活动，德摩比勒克（Demirbilek）和塞纳（Sener）曾将感情（affect）定义为消费者对于产品的感官属性和设计信息的心理反应[26]，说明人的感性具有具身性。"inspiration → attachment"两个关键词所组成的小组研究的是情感升级的过程，从对产品产生情感到与产品建立情感纽带。C1 群侧重于研究产品，凭借五感带给用户的感受。

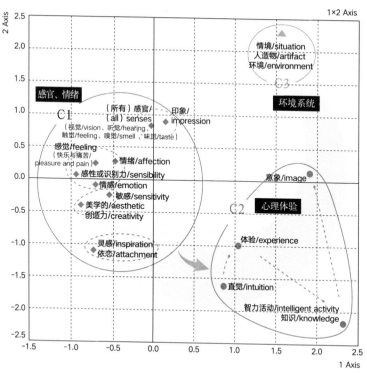

图 5.8　感性定义关键词在 1-2 轴的散点分布图

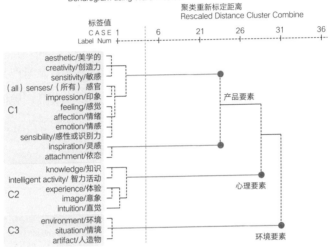

图 5.9 感性定义关键词的层次聚类分析图

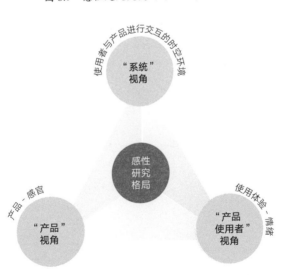

图 5.10 感性研究的格局

　　群组 C2 研究的是感性体验的心理认知变化。詹森（Jensen）将体验分成三个维度，分别是有形的物体、使用体验（流程／操作）和意义（深度）体验。[27] 有形的物体维度侧重于产品物理特征产生的初次体验，对应直觉（intuition）一词，初次体验产生了对于产品的直觉印象。使用体验维度强调用户与产品之间的交互、用户体验的痛点，对应体验（experience）和直觉与智力活动的交互（interaction of intuition and intelligent activity），即用户在不断使用产品的过程中，又产生了对于产品新的认知和情感。意义体验维度重点在用户沉浸式体验，对应意象（image）一词，意象图式（image schema）是指由具身经验形成的认知结构。[28] C2 群组侧重于研究人的内部心理情感变化。

　　群组 C3 中，关键词 artifact 可理解为人造物，即用户操作的对象，situation 是指在某一时刻的情景，带有时间属性，environment 是指人和产品所存在的环境，指代空间属性。综合分析可知，C3 表明目前关于感性的定义与理解当中，有学者侧重于从人造物与其所存在的时间与空间之间形成的系统角度研究感性。综合图 5.9 可知，群组 C1、C2 和 C3 反映出，目前学者关于感性的定义与研究分别形成了从产品侧、产品使用者（人）一侧，以及使用者与产品进行交互的时空环境一侧进行研究的特色格局（图 5.10）。

　　与 感 性（Kansei） 相 对 应， 欧 美 学 者 常 用"emotion"

和"sentiment"等词语来表达与感性类似的含义。英国学者迪兰·伊万斯（Dylan Evans）认为"sentiment"是流行于启蒙运动时期的学术词语，与今天常提到的"emotion"一词的意思基本相同。学者石林将"sentiment"翻译为感性，将"emotion"翻译为情绪。启蒙运动时期的哲学家们对情绪研究非常着迷。戴维·休谟（David Hume）和亚当·斯密（Adam Smith）、托马斯·里德（Thomas Reid）都曾研究过感性和激情。这些哲学家们认为情感对于个体和社会的存在至关重要。尤其是亚当·斯密，不仅开创了经济学（Economics），而且还帮助创立了感性科学（sentimental science），也就是今天我们所说的情绪心理学（psychology of emotion）。[29]

1750年，德国唯理主义哲学家鲍姆嘉通创立了专门研究人类感性认识的新学科——感性学，他将其取名为"Aesthetics"。"Aesthetics"最初被日本学术界翻译为美学，其含义是凭感官可以感知，其本意是为感性立言。2007年日本感性工学会将感性划分成三个层次：（1）利用人的五种感觉，人的身体所感知到的东西，这可称之为感性的物理属性；（2）强调与他人的差异化或共通点的个性、品位或判断力（sense），这可称之为感性的社会属性；（3）满足人求知的好奇心和文化培育的内容（contents）、艺术或匠艺，这可称之为感性的文化属性（图5.11）。感性的三个层次一定程度上也可以理解为进行感性价值创造的三个不同侧面。

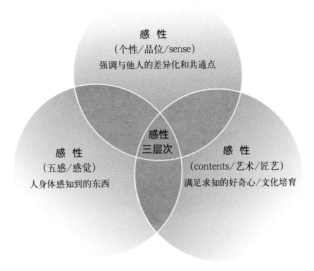

感 性
(个性/品位/sense)
强调与他人的差异化和共通点

感性
三层次

感 性
(五感/感觉)
人身体感知到的东西

感 性
(contents/艺术/匠艺)
满足求知的好奇心/文化培育

图 5.11　2007 年日本感性工学会对感性理解的三个层次

5.3.2　感性价值研究进展

学术界对感性价值进行了持续研究。学者安德森（Anderson）曾认为，价值是相对于购买价格而言的顾客感知效用，并在经济、技术、服务和社会效益等诸多方面体现出来。传统的价值创造观认为价值是客观存在的功能价值，依附于产品而存在，因此，企业单边活动能够生产出来。而现代的价值创造观认为价值是一种主观体验，是消费者的心理活动，需要通过消费者的亲身体验才能实现价值，因此，价值离不开消费者的参与创造。[30]

与感性价值的称谓相对，营销领域还有顾客感知价值（Customer Perceived Value）的说法，顾客感知价值一般是指消费者在购买商品时与产品实际价格进行对比的消费者心理预期价值，两者相比较后消费者会作出进一步的购买决策。顾客感知价值最早由波特（Porter）于 1985 年提出，用以描述"顾客感知绩效与顾客感知成本之间的权衡"。而学者韦恩·S. 迪萨尔博（Wayne S. Desarbo）认为顾客感知价值是对顾客感知质量与顾客感知价格之间的平衡属性的一种描述。国内学术界则将顾客感知价值普遍理解为消费者对感知利得（perceived benefits）与感知利失（perceived sacrifices）之间的权衡（trade-off），它反映着顾客对于包含着质量、品种、服务、信誉、速度等要素的产品或服务的综合满意程度，是一种主观感受和综合评价量。[31]

营销学界还有顾客价值的说法，一般认为顾客价值是由顾客而不是由供应企业所决定，学者认为顾客价值实际上就是顾客感知价值。[32] 美国田纳西州立大学教授伍德拉夫（Woodruff）从顾客价值与满意度研究视角提出，顾客价值是顾客对特定使用情景下有助于（或有碍于）实现自己目标和目的的产品或服务属性、这些属性的实效以及使用的结果所感知的偏好与评价。[33] 伍德拉夫（Woodruff）对顾客价值的定义强调了价值产生的三个主要来源：顾客通过学习得到的感知（perception）、偏好（preference）和评价（evaluation），这进一步将产品、使用情景和顾客所经历的有一定目标方向的相关体验联系在一起。

关于情感或感性价值研究，不同学者提出了不同的理解（表 5.3）。2004 年，诺曼（Norman）提出了大脑处理情感的三层次模型：本能层次、行为层次和反思层次。[34] 本能层次关注用户对产品外观、形态、材料质地和重量等物理特征所产生的直接生理感受。行为层次关注产品的使用和效能，主要体现为产品的功能、易懂性（understandability）、可用性（usability）以及带给人的物理感觉，并遵循以人为本的设计思维，设计者通过产品的系统形象与最终的使用者进行交流，专注于理解和满足用户的需求。反思层次注重的是信息、文化以及产品或者产品效用的社会意义，这个层次的设计与产品的意义有关，因产品的语义往往因人而异，因此，关注产品意义独特性的"造义"活动[14]，通过唤起个体的记忆或传递自我形象（Self-image），来实现用户与产品的共鸣。

2012 年，日本学者松冈由幸（Matsuoka）提出了"惊喜→共感→感动"的感性价值模型。[17] 惊喜(amazing) 层面的设计通过彰显产品的个性（如造型、包装、广告等）以吸引用户，惊喜是通过用户接触产品，产品带给用户的第一印象和感觉，侧重于产品角度的属性研究，这些属性引起用户对产品形成积极的记忆和评价。共感层面的设计讲究从用户的角度进行换位思考来理解和满足用户的需求，促使用户产生共鸣感。在感动层面，当产品为用户带来审美惊喜感、满足其功能使用期待后所产生的共感，这种共感是产生感动情绪的必要条件，是创造感性价值的基

现有的情感与感性价值研究模型　　　　　　表 5.3

学者	第一层次	第二层次	第三层次
情感处理的层次 (Noman 2004)	本能层次 （感官和物理特征）	行为层次 （功能、易懂性、可用性和物理感觉）	反思层次 （信息、文化、和自我形象）
感动生成的层次 （Matsuoka 2012）	惊喜 （物理空间）	共感 （意义空间）	感动 （价值空间）
感性价值的层次 （日本感性工学 2007）	五感、感觉层次 （物理属性）	个性、品味层次 （社会属性）	内容、艺术和匠艺层次 （文化属性）

础。日本感性工学会分别从物理、社会、文化属性三个层面将感性以及基于感性的感性价值创造划分为三个层次。[35]

　　表 5.3 中，感性价值研究的三个模型具有共同点，都主张可以将情感或感性设计分成三个层次，第一层次与消费者接受产品物理属性刺激五感之后所产生的心理变化有关。不同点在于，诺曼（Norman）从信息处理的视角解释了大脑处理情感的三个层次：本能、行为和反思；松冈（Matsuoka）从物理、意义和价值三个不同空间解释了感性生成模型的三个进化层次：惊喜、共感和感动；日本感性工学会则从产品的物理、社会、文化属性三个层面对感性价值创造模型进行界定，即五感和感觉、个性和品位，以及内容、艺术和匠艺。

5.3.3　感性价值创造：PPR设计模型

基于图 5.8 和图 5.9 的数量化 Ⅲ 类和聚类分析结果，依据感性的内涵可从 C1- 产品侧、C2- 心理侧和 C3- 环境系统侧三个层面来理解感性，再综合诺曼、松冈和日本感性工学会对于感性价值的研究主张，在具身认知的基础上，分别从生理、心理和关系三个视角来理解感性，提出了面向服务产品的感性价值创造模型框架（图 5.12），即服务产品的感性设计 PPR 模型 (physiology → psychology → relationship)。

第一层次的感性，主要站在产品的视角关注产品带给人的生理方面的感受性，五感被用来增强用户和产品之间的沟通，它们传达信息并产生情感（如怀旧感、愉悦、满意感、方便感、丰富感和舒适感）。造型、功能、色彩、材质等基本设计元素通过感官运作，将其独特的特性转化为生理上的舒适和心理上的满足，使物品更加实用。美国心理学家詹姆斯（James）认为身体感觉对于情感体验是必不可少的。[36]生态心理学家吉布森（Gibson）提出了知觉系统理论，他认为"Sense"具有探测之意。[37]知觉依赖于受体的感觉，感觉是对产品设计信息的探测。该层次重在对依托具体产品使用的功能、性能等过程中人的生理层面的感受性及变化问题，重在研究人的生理感受性，如触觉、视觉、味觉、听觉、嗅觉、热感觉、平衡感觉和体位感觉等。如图 5.13，正德羽田和大桥由美子设计的动物橡皮筋 ZOO 系列，俏皮的动物造型设计捕

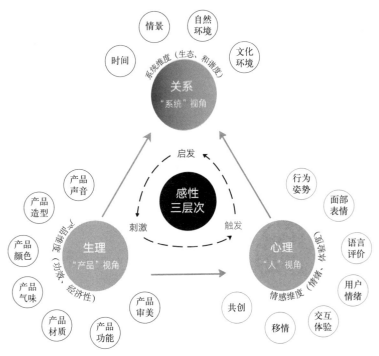

图 5.12　服务产品的感性及感性价值创造的三个层次

图 5.13　动物橡皮筋 ZOO 系列

捉消费者的视觉感受，为日常生活带来惊喜和治愈的情感。

第二层次的感性，主要站在作为产品使用者的人的视角，关注的重心是消费者与产品发生交互过程中消费者所产生的心理层面的情感状态变化，涉及用户行为和产品意象等要素。根据深泽直人和诺曼的功能可见性（affordance）设计理念，诺曼认为产品的功能可见性，是由产品的品质同与之交互的用户主体的能力共同决定的。[38]深泽直人则认为，好的设计通常是设计者知道使用者在其环境中，会不自觉地选取该设计所蕴含的功能可见性。[39]这些学者观点都体现了共同创造的含义，设计师需要去观察用户，根据其行为模式，设计出好的产品。

如图 5.14，深泽直人从消费者行为中不连续之处获取灵感，设计出了一款盖子上含有饭勺隔挡的电饭煲。该层次重在研究用户行为体验和情绪，本质上是以人为中心的研究，侧重人使用产品完成某项活动、任务的交互过程中人行为活动所引起的心理层面的体验研究，比如用户体验度、愉悦度和交互行为与方式的合理性、优化等问题，这一层面研究已经从对人本体（具身）的生理指标评价、工效学效率优化等研究扩展到对人参与某一活动或事件过程中，这些事件或活动对人的心理所产生的体验与交互性评价。

第三层次是感性的关系层次，侧重于从系统层面研究"人－机－环境"系统中各组成要素之间的关系，综合评价设计产品的好坏、人类是否幸福、系统是否和谐、均衡与共生。威尔逊（Wilson）提出具身认知的六个观点：（1）认知是情景的，（2）认知具有时效性，（3）我们将认知置于环境中，（4）环境是认知系统的一个部分，（5）认知是为了行动，（6）离线（off-line）认知是以身体为基础的。[40] 用户对产品的认知，需要站在人造物（产品）、使用产品的人、所处的自然人文环境、所发生的事件与情景，以及时间等元素所组成的"大系统"中重新审视人造物和人造物的使用者"人"之间的交流与互动，这个"大系统"为作为人造物的产品和作为使用的人之间搭建了一个舞台，通过这个舞台产品的功效和经济性得以发挥到极致，使用产品的人的情绪和体验度得以提升到最佳，这样的系统才是最优的系统，能够实现产品效用的最大化、用户体验度的最佳化以及生态和谐度的最优化。

图 5.14　可搁置饭勺的电饭煲

图 5.15　费雪宝贝身高测量智能树

如图 5.15，费雪宝贝身高测量智能树，借用投影技术打造超现实视觉感受，虚拟界面与现实场景相结合，配合产品的功能，使宝宝们产生身临其境的体验。通过软件更新，它能够伴随孩子发展需求与学习阶段的变化而更迭演化，并记录下不同成长阶段的身高和照片影像。随着时间的增加，身高测量树所记录下来的成长轨迹，成为一种童年的文化象征和亲子互动的回忆，产品的感性价值增加。

感性的生理、心理和关系三个层次划分能够系统、全面地描述感性，并为构建感性价值创造模型提供依据和框架，据此，作者提出了"生理（physiology）→心理（psychology）→关系（relationship）"逐层进化的感性三层次模型（PPR model），这也是感性价值创造、进行感性设计的三层次框架模型（图 5.12）。

现有的产品感性或情感层次模型针对的是用户需求，关注用户与产品之间的交互关系，以用户为中心的视角，从心理学角度对用户认知层次的理解提出了情感化层次模型。而服务产品的感性及感性价值创造的三层次 PPR 模型，跳出了以"用户"为核心的传统视角，转而提升到从"系统"的视角来看待产品感性价值创造问题，关注用户与产品、用户与服务、用户与环境的关系，由具体元素（产品，设计对象）到利益相关者（用户，服务对象）再到产品 - 用户交互系统（环境，交互场）层层递进、由具体到复杂地进行理论框架构建，并基于具身认知理论，探索生

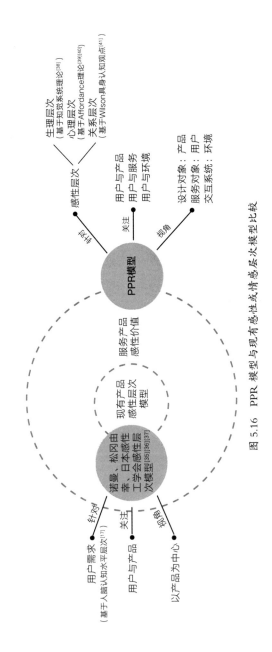

图 5.16 PPR 模型与现有感性或情感层次模型比较

理、心理和关系层次的感性设计需求，如图 5.16。

5.3.4　PPR模型各层次设计方法

生理层面，产品感性设计是从产品视角进行研究，主要关注产品的物理属性、功效和经济性。基于产品物理属性对于消费者感官刺激的角度，主要是对由外部刺激产生的生理反应进行测量，多从感性工学视角切入。生理层次的产品感性设计方法主要是从生理信号情绪识别、多感官体验两个角度进行思考。生理信号检测多采取面部肌电图、皮肤导电图、心律和体温测量的方式。感官体验设计方法有本能愉悦修辞框架[41]、多感官"Mood-box"[42]和敏感性设计。[43]

心理层面，产品感性设计主要从使用者维度，关注用户的情绪和体验度，侧重"人—产品"的整个交互过程中所产生的情感体验和情绪变化。心理层次的设计方法主要涉及文字情感测量、非文字型情感测量、面部表情识别、语音情绪识别、行为情绪识别和移情共创六个方面。文字情感测量常用的设计方法是语义差异法（SD：Semantic Difference），非文字型情感测量常用的设计方法有 SAM（Self-assessment manikin）方法、情绪卡（Emocards）方法和 PrEmo（Product Emotion）情绪量表[44][45]，面部表情情绪识别常用的方法是面部动作编码系统（FACS：The Facial Action Coding System）。[46]语音情绪识别的常用设计方法是声学情绪识别和语义情绪识别。行为情绪识别主要针对眼部行为、肢体动作和行为动机进行研究，往往采用眼动仪追踪方法研究眼部行为，中韩两国学者英东（Ying Dong）等人就曾利用眼动仪记录用户浏览网页时的行为，从而探索不同国家用户的认知模式与其对网页设计的情绪反应间的关系。[47] 采用无意识设计方法设计肢体动作[40]，采用福格（Fogg）行为模型研究用户行为动机。[48] 在移情共创的过程中，设计师需要去理解用户是如何在使用过程中感受、体验产品和服务的，设计师和用户一起进行价值创造。主要有三个有效的方式：（1）观察用户的真实反应；（2）寻求用户参与，记录他们的行为、想法和感受；（3）自己尝试设计原型。以内省的方式获得他人也可能有的使用体验，如移情设计、身体风暴、角色扮演和故事板。

关系层面，产品感性设计是从"系统"的视角进行研究，需要综合考虑环境、情景和人造物。关系层次的核心是一种"系统"思想，站在时间和空间、人文等环境所组成的"大系统"中重新审视人造物和人造物的使用者"人"之间的交流与互动。但是全盘考虑环境和所有利益相关者，情况就会变得十分复杂，绘制服务生态图有助于设计师了解项目中的主要因素，梳理产品服务设计思路。[49] 该层次主要关注使用产品的人所发生的事件和情景，服务蓝图[50] 和客户体验历程地图[51] 可以将用户使用产品或服务的情景过程可视化地呈现出来，便于单独评价或改善其中的用户痛点。随着时间的不断变化，用户对于产品价值的认知也随之改变。松冈由幸提出价值成长型设计理论，它是实现时间轴设计的典型手段之一。时间轴设计是将时间因素引入设计的一种新型设计方法论。价值成长型设计是一种随着时间推移产品价值实现增长的设计。[52] 设计人种学、文化 5 维度理论和文化"洋葱圈"[53] 指导文化环境下的产品设计研究（图 5.17）。

生理层面是服务产品触发用户感性的起点，用户通过使用服务产品功能获得来自产品的刺激，这些刺激在时间维度的不断累积，达到一定程度后将会触发用户心理层面的情绪感受和体验，产品带来的良好生理感觉以及用户产生的舒服心理体验共同作用，将会启发关系层面"人 – 机 – 环境"所组成的系统的可持续性及和谐程度。从"刺激→触发→启发"逐层深化的"用户→服务产品"的交互程度深化和交互质量提升，基于共创模式的服务产品的感性价值就逐渐被创造了出来。

用户使用服务产品是一个长期过程，随着时间演变，用户通过不断的"刺激→触发→启发"的交互模式，在与服务产品的长期共存过程中，稳固的依恋感和用户忠诚度逐渐建立，最终实现消费者对企业品牌的忠诚度。从图 5.17 可以看出，感性或者感性价值创造的每一个层次中，目前都有相对应的、适当的方法可以使用。当然，方法远不止这些，不断开发新方法、新技术和新实验手段将会是未来感性价值创造、感性设计研究的持续课题。

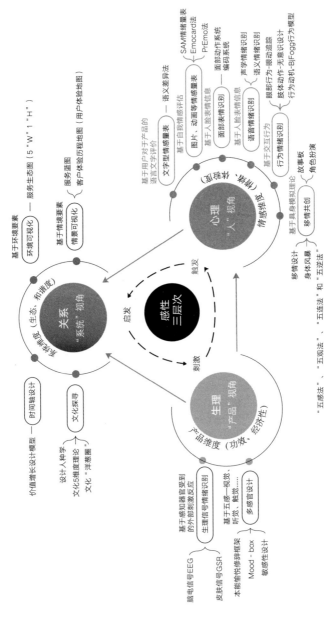

图 5.17　服务产品感性价值创造及感性设计 PPR 设计模型中的代表性方法

5.4　情感计算

约翰·奈斯比特（John Naisbitt）曾经指出，21 世纪最激动人心的突破并不来自科学技术，而是产生于日益增强的做人的意识。[54]情感越来越得到来自学术界和企业界的关注，如同阴与阳一定要平衡，技术和精神、技术与社会变化也应该平衡，现如今这一关系事实上正处于严重的失衡状态。

约翰·奈斯比特主张，我们应该更加通过家庭与社区、通过宗教与灵性、通过艺术与文学不断审视和反问"人性的本质究竟是什么？"这样的哲学问题，而所有这些都落在与高科技相对应的另一边：高情感。[55]情感一词的英文"emotion"来自拉丁文，包含"e"（外）和"movere"（动）两个含义，合起来表示从一个地方移动到另一个地方。作为比智慧更复杂的心理现象，很难对情感进行准确的定义。

亚当·斯密（Adam Smith）曾将社会比作衣服，而将情感比作将衣服缝在一起的线。众所周知，情感是智能的核心之一，比如愤怒、恐惧和喜悦等情绪与动力往往是人类行为的基础。如今，社会行为、性别角色、人际关系以及产品消费所产生的一系列社会和心理问题，对设计研究和产业发展决策产生着越来越大的影响。用户的情感诉求正成为企业创新和消费升级的首要考虑因素。

传统产品设计中设计师对舒适、品位、友情、雅致等产品属性的理解主要囿于诸如情感属性与产品的功能性、可用性之间的映射关系研究方面，而忽视了对造物活动这一更广泛的设计活动的语义层面的探索，以及这些探索与用户对造物意义和交互情感体验的认知之间的关系研究。[56] 情感对人类生活的影响和所占的比重如此重要，设计师更应该关注设计情感愉悦在打动消费者和提升用户服务质量与体验方面所发挥的重要作用，尤其是在服务产品设计与开发过程中，情感正成为联结顾客与产品的纽带，情感设计正成为推动商业成功的重要力量。

情感界定了体验的核心内容，情感体验确定了产品的幻想空间。星巴克创造了一个能够让人们在公共环境中无酒精地享受聚会乐趣的方式。产品与服务带给顾客的情感体验中，顾客满意和顾客惊喜是两个重要的维度，顾客满意源于顾客的期望（expectation），顾客惊喜则源于顾客的需求（need），惊喜是比满意更加强烈的情感。[57] 顾客惊喜产生的主要原因是服务过程的惊诧和这种惊诧所导致的顾客情感的迸发。[58]

顾客消费产品和服务的过程不仅仅是一个认知过程，还是一个情绪体验的过程。1987 年，美国学者韦斯特布鲁克（Westbrook）首先从心理学领域引入顾客情绪概念，认为情绪是个体与环境意义事件之间关系的心理现象。[59] 情绪是人对客观事物是否满足自己需要的一种内心感受和态度体验。康奈尔大学心理学教授卡特（Travis Carter）和季洛维奇（Thomas Gilovich）研究发现，购买体验比购买产品更让人高兴，它能让人产生更大的满足感。

体验主要是基于情感的视角，指顾客通过参与服务生产过程，与企业共同创造独一无二的关系和情感共鸣，从而获得情感和心理上的满足。体验可以分为情感承诺和独特需求两个维度。其中，情感承诺源自组织行为学，莫拉曼（Morraman）将其定义为"通过顾客内心的情绪以及情绪所创造的情感体验，表达顾客对企业或品牌的情感意愿，进而使顾客作出选择决策。"而独特需求指消费者通过选择特定的消费行为或产品这种特定的方式，向他人展示自己的独特主张。

在服务设计中，顾客主要通过参与（participation）这种方式介入具体的服务过程，获得与众不同的专属于消费者自身的服务结果。[60]消费者独特需求源于斯奈德（Snyder）和弗拉姆金（Fromkin）的独特性理论，强调消费者在具体的产品或服务消费过程中，通过自我区别性行为来显示与其他人的不同，独特性理论反映了消费者个体在社会性心理方面所具有的独特需求。

事实上，情感研究曾经很长一段时间未能引起学界重视，甚至一度被排除在认知科学领域研究的视线之外，20 世纪末才作为认知过程的重要组成部分得到学术界的认同。19 世纪末，心理学家威廉·詹姆斯（William James）开始研究情感，从此情感研究经过一百余年的发展，逐渐形成了自己完整、严谨的理论体系，成为与生理科学、认知科学、社会学及行为科学等并列的特色研究领域。图 5.18 大致梳理了从古希腊、古罗马时期到 21 世纪部分典型学者对感性或者情感的理解、观点或者主张。

科学研究证明：情感是智能的一部分，人工智能发展的突破口在于赋予以计算机为代表的各种软硬件终端具有人的情感能力。情感计算就是要赋予计算机类似于人一样的观察、理解和生成各种情感特征的能力，最终实现计算机像人一样的自然、亲切和生动的交互。20 世纪末，情感计算开始得到学者关注。

1997 年 MIT 媒体实验室的皮卡德（Picard）教授在其专著《情感计算》（*Affective Computing*）中首次提出情感计算这一概念，用于指那些来源于情感或者能对情感施加影响的计算。[61] 中国科学院自动化研究所的胡包钢教授将情感计算定义为，通过赋予计算机识别、理解、表达和适应人的情感的能力来建立和谐人机环境，并使计算机具有更高的、全面智能的一种计算方式。[62] 情感计算是目前除了人工心理学（Artificial Psychology）和感性工学（Kansei Engineering）之外研究人的情感和认知的又一个热门领域。

中科院计算技术研究所智能信息处理重点研究室的学者认

时间

第一阶段：古希腊时期

01 泰勒斯
西方哲学之父，视水为宇宙之始基，感性被逐出哲学宇宙论。

02 苏格拉底
视人的本质为理性的善，将感性从人的本质规定性中分离，为哲学本体论所拒绝。

03 柏拉图
公元元年
认为认识的本位是理念之真，视感性艺术、灵感为或不具真理性的“摹仿之摹仿”，或为不可理解的“偶尔的洞穴之影”，感性在哲学认识论中被否定。

04 斯多葛学派
斯多葛主义战胜伊壁鸠鲁主义，感性在哲学思想文化中被淡化到极致。

第二阶段：古罗马后期至中世纪

01 新柏拉图主义
圣奥古斯丁圣父哲学
圣托马斯经院哲学
从新柏拉图主义到圣奥古斯丁圣父哲学，再走向圣托马斯的经院哲学，感性最终被压抑。

第三阶段：18至19世纪

01 14-17世纪
审美现代性率先在艺术生活中形成，感性的觉醒。

02 鲍姆嘉通（18世纪）
既彰显认识论意义上的感性，又遮蔽实实在在的生活感性，此处感性指感性认识，非感性所依赖的身体和身体的所欲、所为和所受，即个体生存意义上的感性。与美的艺术联系起来，为其提供了避难所。

03 康德（18世纪）
植根于人的主体性中的审美现代性是感性的，凸显了主体的感性特质，化解了理性现代性中现象与本体、自然与人性、必然与自由对立的危机。

04 费希特（18世纪）
洞察到感性与理性的内在关系，强调在行动中定位感性，将行动中的感性视为人类理性本质的直观。

05 谢林（18世纪）
物质是可见的精神，精神是不可见的物质，感性是感觉到的理性，理性是思维中的感性。

06 黑格尔（18-19世纪）
将美与艺术的本质界定为绝对理念的感性显现，美与艺术的根源描述为绝对理念在精神发展时期的感性阶段。

07 马克思（19世纪）
将感性理解为人类生存、发展、解放的实践活动，感性便成为人类对自然的改造、对社会的革新、对精神的变更的力量。

第四阶段：20世纪至今

01 长町三生（1985年）
日本学者长町三生教授提出感性工学，主张从工学的角度测定、量化、分析人的感知过程，感性工学是感性与工学结合的一种技术，能够将顾客的感受和意象转化为设计要素用于新产品开发。

02 明斯基（Minsky，1985年）
人工智能奠基人，基础计算机与情感的问题，在《The Society of Mind》一书中指出：问题并不在于智能机器是否能有情感，而是没有情感的机器怎么能是智能的？

03 皮卡德（Picard，1997年）
MIT的Picard教授在《Affective Computing》书中首次提出“情感计算”一词，认为情感计算来源于情感或能够对情感施加影响的计算。

04 仇德辉（2001年）
编写《数理情感学》，主张从价值角度看情感，从情感角度看人类，提倡采用数理逻辑方法分析情感现象与情感规律。

05 胡包刚
中科院自动化研究所胡包刚教授定义情感计算的目的是，通过赋予计算机识别、理解、表达和适应人的情感能力，来建立和谐人机环境，并使计算机具有更高的、全面的智能。

06 王志良
北京科技大学王志良教授提出人机心理学理论，主张以心理学、脑科学为理论依据，以神经网络等人工智能、先进算法为基本方法，从行为主义、进化论、控制论角度研究情感。
……

图 5.18　时间轴上感性及情感研究的思想谱系

为，情感计算研究的重点就在于通过各种传感器获取由人的情感所引起的生理及行为特征信号，建立情感模型，从而创建感知、识别和理解人类情感的能力，并能针对用户的情感做出智能、灵敏、友好反应的个人计算系统，缩短人机之间的距离，营造真正和谐的人机环境。作为一个高度综合化的技术领域，情感计算主要研究：（1）情感机理；（2）情感信号的获取；（3）情感信号的分析、建模与识别；（4）情感理解；（5）情感表达；以及（6）情感生成等方面的内容。[63] 目前在人机交互设计领域，通过人的面部图像识别人脸表情，通过语言声音进行情感识别与表达，通过姿态分析理解人的情感反应等方面研究已经取得一定进展。

情感计算能够消除人类情感和计算技术之间的差距，可以帮助人类收集、交流和表达情感信息，并以合理的方式影响人类的健康、社会交往、学习、记忆和行为。研究情感计算的目的有两个方面，一是提高人机和谐性，二是实现真正的人工智能。无情感不智能是众多研究者的共识。情感计算将在智慧教学、智能可穿戴系统、智能驾驶、智能医疗健康监控等领域得到更广泛的应用。可以预知，通过让机器模拟人的情绪表达来提升产品的温度将是情感计算的未来发展趋势。

参考文献

[1] Gebauer, H. Identifying Service Strategies in Product Manufacturing Companies by Exploring Environment Strategy Configurations[J]. Industrial Marketing Management, 2008, 37(3): 278-291.

[2] Cook, MB., Bhamra, TA., Lemon, M. The Transfer and Application of Product Service System: from Academia to UK Manufacturing Firm[J]. Journal of Cleaner Production, 2006, 14(17): 1455-1465.

[3] 赵益维，陈菊红，王命宇. 制造业企业服务创新——动因、过程和绩效研究综述［J］. 中国科技论坛，2013，（2）：78-81.

[4] Goedkoop MJ., Van Halen CJG., Te Riele HRM., et al. Product service systems, ecological and economic basis. Report for Dutch Ministries of Environment (VROM) and Economic Affairs (EZ) [R], 1999.

[5] 楚东晓. 服务设计研究中的几个关键问题分析［J］. 包装工程，2015，36（16）：111-116.

[6] Chu Dongxiao. Development of Service & Product Design Based on Product Life Cycle Viewpoint: Consideration of Design Methodology to Maintain and/or Improve Product Value [M]. Wuhan: Wuhan University Press, 2014.

[7] 萨伊. 政治经济学概论［M］. 商务印书馆，1997：59.

[8] Japan Industrial Designers' Association.Product Design: 商品開発に関わるすべての人へ [M].Tokyo:Works corporation Inc.，2009: 195.

[9] Vargo, SL., Maglio, P., Akaka, MA.On Value and Value Co-creation: A Service Systems and Service Logic Perspective [J]. European Management Journal, 2008 (24): 145-152.

[10] Kimura, F., Umeda, Y., Takahasi, S., et al. Handbook of Inverse Manufacturing[M]. Tokyo: Maruzen Company Limited, 2004: 170 -171.

[11] Jonathan Chapman. Emotionally Durable Design: Objects, Experiences and Empathy[M]. London and New York: EARTHSCAN Ltd., 2005.

[12] Kleine, RE., Kernan, JB.Measuring the Meaning of Consumption

Objects: An Empirical Investigation [J]. Advances in Consumer Research, 1988, 15: 498－504.

[13] Koskijoki, M. My Favourite Things [M], in Van hinte, E.(ed) Eternally Yours: Visions on Product Endurance, 010 Publishers, Rotterdam, The Netherlands, 1997: 34－135.

[14] 楚东晓，楚雪曼，彭玉洁. 从"造物之美"到"造义之变"的服务产品设计研究 [J]. 包装工程，2017，38（10）：37－41.

[15] Matsuoka, K., Matsui, S., Sato, K., et al. Effective Control Parameter for Changing Impression of Icon Shape on Email System "KIZUNA Visualizer" [J]. BULLETIN OF JSSD, 2014, 61(2): 39－48.

[16] 松冈由幸. 日本デザイン学会第56回研究発表大会オーガナイズドセッション（D）：タイムアクシス・デザインの代，名古屋，2009.

[17] 松冈由幸. 设计科学：未来创造的六个视点 [M]. 东京：丸善株式会社，2008，19－23.

[18] 约翰·奈斯比特. 大趋势：改变我们生活的十个新方向. 北京：中国社会科学出版社，1984.

[19] Nagamachi, M. Kansei engineering as a powerful consumer-oriented technology for product development, Applied Ergonomics, 2002, 33(3): 289－294.

[20] Harada, Akira. On the definition of Kansei, In Modeling the Evaluation Structure of Kansei, 1998 Conference, 2.

[21] Lee, SeungHee, Harada and Stappers. Pleasure with Products: Design based on Kansei, Chapter 16 of Pleasure with Products: Beyond the Usability, Taylor and Francis, 2002.

[22] Ministry of Economy, Trade and Industry. "kansei" initiative- Suggestion of the fourth value axis. 2007.

[23] Lévy, P., Lee, S., Yamanaka, T. ON KANSEI AND KANSEI DESIGN A DESCRIPTION OF JAPANESE DESIGN APPROACH [J]. 2007.

[24] Kim, D., Boradkar, P. Sensibility Design [J]. Arizona State. 2000.

[25] Schütte, S. Engineering Emotional Values in Product Design: Kansei

Engineering in Development [J]. Institute of Technology, 2005.

[26]　Wrigley, C. Design Dialogue: The Visceral Hedonic Rhetoric Framework [J]. Design Issues, 2013, 29 (2): 82−95.

[27]　Jensen, J. Designing for Profound Experiences [J]. Design Issues, 2014, 30(3): 39−52.

[28]　叶浩生. 具身认知的原理与应用 [M]. 北京：商务印书馆，2017. 第 50 页.

[29]　Dylan Evans 著，石林 译. 情感密码 [M]. 北京：外语教学与研究出版社，2013，XI.

[30]　Pine Ⅱ BJ, Gilmore JH. The Experience Economy: Work Is Theater and Every Business a State[M]. Boston: Harvard Business School Press, 1999.

[31]　汪小梅，田英莉，赵静. 基于顾客感知价值的信息产品定价方法研究 [J]. 情报杂志，2010，29（2）：164−167.

[32]　自长虹. 西方的顾客价值研究及其实践启示 [J]. 南开管理评论，2001，（2）.

[33]　Woodruff. Customer Value: the Next Source for Competitive Advantage [J]. Journal of the Academy of Marketing Science, 1997, 25(2).

[34]　Norman, Donald A. Emotional Design [J]. Ubiquity, 2004, (45): 1−1.

[35]　日本経済産業省. 感性価値創造イニシアティブ：第四の価値軸の提案，感性きらり 21 報告書，2007.

[36]　Ellsworth, PC. William James and emotion: Is a century of fame worth a century of misunderstanding? Psychol. Rev. 1994, 101: 222−29.

[37]　James, J., Gibson. The senses considered as perceptual systems[M]. Boston: Houghton Mifflin Company, 1966: 58.

[38]　唐纳德·A. 诺曼著. 设计心理学 1：日常的设计 [M]. 中信出版社，2015：130.

[39]　后藤武，佐佐木正人，深泽直人. 设计的生态学 [M]. 广西师范大学出版社，2016：159.

[40]　Wilson, M. Six views of embodied cognition [J]. Psychonomic Bulletin & Review, 2002, 9(4): 625−636.

[41] Wrigley, C. Design Dialogue: The Visceral Hedonic Rhetoric Framework [J]. Design Issues, 2013, 29(2): 82–95.

[42] Gentner, A., Bouchard, C., Aoussat, A., et al. Defining an identity territory for low emission cars through multi–sensory "Mood–boxes" [C]// Keer, 2012.

[43] Kim, D., Boradkar, P. Sensibility Design[C]//International Design Education Conference, IDSA, 2003: 155–163.

[44] Isomursu, M., Tähti, M., Väinämö, S., Kuutti, K. Experimental evaluation of five methods for collecting emotions in field settings with mobile applications. International Journal of Human–Computer Studies, 2007, 65(4): 404–418.

[45] Desmet, P. Measuring Emotion: Development and Application of an Instrument to Measure Emotional Responses to Products[M]// Funology. 2005: 114–116.

[46] Sayette, MA., Cohn, JF., Wertz, JM., et al. A Psychometric Evaluation of the Facial Action Coding System for Assessing Spontaneous Expression[J]. Journal of Nonverbal Behavior, 2001, 25(3): 167–185.

[47] Ying Dong, K pl.A Cross–Cultural Comparative Study of Users' Perception of Webpage: With a Focus on the Cognition Styles of Chinese, Koreans and Americans. International Journal of Design, 2008, 2(2).

[48] Fogg, BJ. ACM Press the 4th International Conference–Claremont, California (2009.04.26–2009.04.29) Proceedings of the 4th International Conference on Persuasive Technology–Persuasive\"09– A behavior model for persuasive design[J]. 2009: 1.

[49] Andy Polaine，Lavrans Lovlie，Ben Reason. 服务设计与创新实践 [M]. 清华大学出版社，2015:89.

[50] Bitner, MJ., Ostrom, AL., Morgan, FN. Service Blueprinting: A Practical Technique for Service Innovation[J]. California Management Review, 2008, 50(3): 66–94.

[51] Richardson, A. Using customer journey maps to improve customer experience. Harvard Business Review, 2010, 15(1): 2–5.

[52] 松岡由幸. タイムアクシス・デザインの概念 [J]. 横幹，2012，6
（1）：9-16.

[53] Hofstede, G. Cultures and organizations: Software of the mind[M].
McGraw-Hill, London, 1997: 7-8.

[54] Naisbitt, J, Aburdene, P. 2000 年大趋势. 北京：中国人民大学出
版社，1991.

[55] 约翰·奈斯比特. 高科技·高思维 [M]. 北京：科学出版社，
1979.

[56] Patrick, J. Designing Pleasurable Products[M]. London: Taylor & Francis,
2000: 20.

[57] Schneidef Bowen. Understanding customer delight and outrage[J]. Sloan
Management Review, 1999: 41.

[58] Oliver, Rust, Varki. Customer Delight: Findings, and Managerial
Insight[J]. Journal of Retaling, 1997: 73(3).

[59] Westbrook, RA. Product/Consumption-based Affective Responses and
Post-purchase Processes[J]. Journal of Marketing Research, 1987, 24 (3):
258-270.

[60] 吕瑛，杨德锋. 基于灰关联分析的顾客参与动机研究 [J]. 现代管
理科学，2015（6）：46-48.

[61] （美）罗莎琳德·皮卡德 著，罗林森 译. 情感计算 [M]. 北京：
北京理工大学出版社，2005.

[62] 胡包钢，谭铁牛. 情感计算——计算机科技发展的新课题 [N].
科学时报（第三版），CTTT.H.CB.

[63] 陶建华，谭铁牛. 让计算机更善解人意——情感计算研究进展.

第6章

未来已来：技术驱动的设计

第6章
未来已来：技术驱动的设计

　　科技进步带来社会变迁，从而对社会产生冲击。自古至今，这种变迁的力量和速度已经发生了巨大的变化，在计算机和互联网大行其道的今天，科技创新已经成为小学生都耳熟能详的口号了。技术创新日益影响着当代人生活的方方面面。当前最扣人心弦的科技突破，无疑是人工智能（AI：Artificial Intelligence）的发展。

　　2017年被称为人工智能元年。这一年，在乌镇世界互联网大会上，来自企业界的众多有识之士针对互联网普惠共享、分享经济和"数字丝绸之路"国际合作等话题展开了广泛讨论，反复谈到影响未来发展的技术将是人工智能和物联网。人工智能代表着创新的前沿，成为未来经济成长的主要引擎，将在未来几十年不断推动数字经济的持续发展。其实，早在20世纪末，《科学美国

255

人》曾对人工智能做过预测，认为它将在 2015 年达到模拟人类的初级阶段，2050 年前后达到接近甚至超越人类的高级阶段。[1]

2019 年 1 月，全国大学生创新创业实践联盟在天津举办首届年会暨第二届双创实践新技术高峰论坛，教育部高等教育司杨秋波在大会上做了《奋力推进高等教育变革，加快培养创新创业人才》的主旨报告。杨秋波在报告中指出[2]，从现在开始到本世纪末，技术驱动的未来人类社会将经历从"万物互联—智能无处不在"的科技 1.0 时代，发展到"虚实相生—人机和谐共处"的科技 2.0 时代，最终走向"人类长生—进军未知世界"的科技 3.0 时代的三个发展阶段（图 6.1）。这是对技术创新影响人类社会的最激动人心的描述。

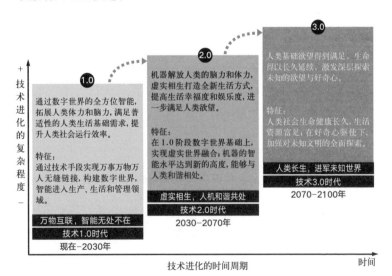

图 6.1　技术驱动的未来人类社会发展的三个阶段 [2]

2030 年之前的人类社会，技术创新的使命主要是通过运用智能，提升整个人类社会的效率，满足人类普适性的生活基础需求，这个阶段被称为技术的 1.0 时代。2070 年之前的人类社会，技术的核心作用在于解放人类的脑力和体力，打造虚实相生的新生活方式，提高生活的幸福度和娱乐度，这一阶段机器的智能水平进一步提高，达到与人类和谐相生的程度，称为技术发展的 2.0 时代。从 2070 年至 2100 年，技术进步已经让人类摆脱了低层次的满足基础欲望的程度，技术创新大大延长了人类寿命，人类好奇心得到极大地激发，以至于有更多的时间探索意识深层那些未知的欲望和好奇心，这是科技发展的 3.0 时代。克劳斯·施瓦布（Klaus Schwab）在《第四次工业革命》一书中指出 [3]，通过跨界整合未来的数字技术、物理技术和生物技术，新一轮的技术创新将直接导致新的商业模式的出现，颠覆现有的商务模式，重塑生产、消费、运输和交付体系。

技术进步推动着人类社会从工业时代迈入互联网时代，人们的生活和行为方式时时刻刻都在发生着巨大的变化。工业制造开始向服务端延伸，产业范式从传统制造思维转向服务思维，产业依赖从自然资源转到智力资源，关注市场终端消费者，为服务而设计（D4S：Design for Service）是从资源、技术、产品、市场营销等全产业链各个环节乃至公共服务，以及组织、社会创新和管理机制创新的有效手段和最终目标。

6.1　走向统合化的设计

在新技术日益介入当今日常生活、深刻改变着人们生活方式的大背景下，需要重新思考设计的未来，思考技术对设计带来的影响和变革。设计作为一种创造性人类活动，大致可以划分为两种类型。一种是基于文化视角的设计师行为，另一种是基于科学视角的工程师行为。近年来，技术日益复杂，设计的边界日趋模糊，设计对象已不再局限于有形的人造物，而是呈现出过程、问题或任务导向，这需要从系统层面综合考虑人造物、使用对象、环境等因素，采用协同设计和共创的方式开展设计活动，这正成为主流的设计观念，设计开始走向跨界融合。

设计师和工程师所从事的这两类设计活动并不是最近才有的事情，实际上，人类从远古开始就知道从动植物等生命体中获得灵感，设计创造出各种各样的人造物。例如，模仿天上飞的鸟类制造出飞机，模仿花朵和贝壳的形态设计出仿生椅子，模仿鲨鱼皮肤的结构和形态为游泳运动员设计出游泳服，利用动植物等生命体的形态和结构进行设计创新。自然界绚丽多姿的生物及其经历几百万年演化的优越、稳定的生物系统，都是产品创新设计浑然天成且源源不断的灵感来源，为产品创新设计提供新的设计方法和思路，向自然界学习的仿生设计成为设计领域的热门话题。[5]

在人工智能深度介入当今人类生活的方方面面、深刻改变着人类设计活动的大背景下，我们不但需要了解生命体的形态和结构，还应该了解生命体维持自身生存和繁衍的生命系统的进化机制和原理。日本学者松冈由幸认为，在文化视角和科学视角的基础之上，还应当从生命视角重新考虑当今乃至未来的设计活动。[6]

然而，过去的 20 世纪人类设计活动的主要特征体现为，科技进步不断带来生活便利的同时，也导致环境问题持续恶化、人为事故不减反升、自然灾害频发等挥之不去的系统问题。要解决这些问题，人类可以考虑向生命系统学习，将生命体的自律性、自组织性、高适应性和自进化特性加进人工制品的设计与开发过程当中，开发出具备生命体冗长性和稳健性（robust）的人造物，以解决这些棘手的社会性系统问题。

6.1.1　设计科学的组成及文脉

一般而言，设计活动可以分为设计研究和设计实践两大类别（图 6.2）。设计研究侧重研究从事设计实践的方法，更多地侧重于研究设计师在进行设计实践中的逻辑思维和分析能力。而设计实践则关注设计成果的落地，关注设计成果的可视化，即常说的"型"的把握，更多地强调对设计师形象思维和动手能力的培养。

从严谨的科学的视角而言，人类从事设计活动仅有短短两百多年的历史。回顾自 18 世纪工业革命开始到 21 世纪今天设计学科的发展历程，可以清晰地了解作为人类重要创新行为的设计活动的发展文脉（图6.3）。

18世纪蒸汽机的诞生标志着工业革命的开始，从此以后人类进入了以机械化为特征的工业化时代。进入19世纪，通过大量的设计实践，工程设计和工业设计逐渐分离成特色鲜明、各自独立的职业种类。而进入20世纪，工程设计和工业设计不断深入发展，在不断重视方法和理论探索的基础上，推动工业设计进一步从理论上形成了有别于工程设计的专业门类，工业设计开始走向专业化。随着工程设计和工业设计专业细分的深化，工程设计和工业设计的设计目标、信息共享以及协同合作也开始变得越来越难。

进入21世纪，面对专业划分越发细化的设计所带来的诸多社会、环境问题，以及设计问题所面临的前所未有的复杂性，单一的设计专业很难独立解决这些棘手的复杂社会问题，需要将机械、建筑、计算机、心理学、社会学等专业与设计科学融合，重新考虑设计学科的学科体系，其主要特征表现为，21世纪设计活动走向了以打破专业藩篱、趋于专业融合的综合化，以及基于智能技术实现设计对象生命化的发展趋势。

一般而言，设计科学的组成包括进行设计所需的设计知识，以及应用设计知识进行实践的设计行为两个部分。其中，设计知

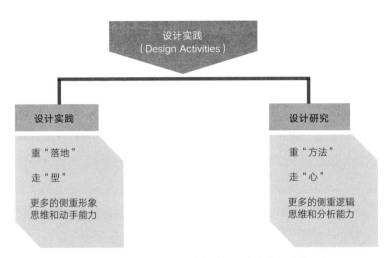

图 6.2　设计活动的两大主要类型：设计实践和设计研究

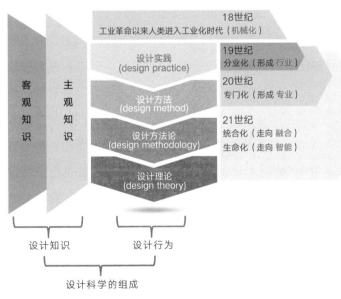

图 6.3　设计科学的组成及设计的演化文脉 [6]

识主要包括：基于科学的客观知识和基于文化的人的主观经验与体验的主观知识。设计行为则包含：大量基础的设计实践活动、从设计实践中总结形成的设计方法、运用设计方法认识改造各类设计问题过程中形成的设计方法论，以及基于长期设计实践对设计方法论进行高度概括、凝练，最终形成能够指导设计学科发展的设计理论四个层次（图 6.3）。

6.1.2 设计科学的趋势

学者松冈由幸认为 [7]，走向综合化的设计科学在设计行为、设计对象和设计方法方面具有鲜明的特征，主要体现在：（1）趋向于"制造"和"使用"相融合的设计行为；（2）趋向于"物"和"心"相融合的设计对象；以及（3）趋向于"最优性"和"创发性"相融合的设计方法三个方面（图 6.4）。

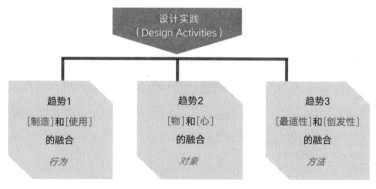

图 6.4　走向统合化的设计实践活动的三大发展趋势

1．趋势一："制造"和"使用"融合的设计行为

21 世纪的设计行为或设计活动，其本质是将人造物（服务产品）的多层次模型中价值和意义所属的心理世界（用户）内容映射进状态和属性所属的物理世界（产品）的一种创造行为。人造物的意义和功能由人造物自身的特性以及使用它的环境所决定。因此，在设计实践活动中重要的是，关注那些考虑人造物特性的内发设计及其使用环境的外发设计。

内发设计关注人造物特性，与企业和制造相关，牵涉技术和功能，主要由工程师来实现。外发设计则主要关注人造物的使用环境，与用户和使用相关，牵涉审美和外观，主要由设计师来完成。20 世纪以前，产品的制造和使用是完全分开的，这样的分业化以及进而形成的专业化使得设计信息的共享和设计相关者之间的协调变得越来越困难。为克服这种困境，有必要调和内发设计和外发设计，将制造和使用结合起来综合、系统地考虑设计问题，真正实现设计活动的物质和精神的融合。

2．趋势二："物"和"心"融合的设计对象

17 世纪笛卡儿提出物质和精神的二元论，人们开始将物理世界和精神世界分开来看待。反映在设计实践上，就设计对象而言，18 世纪工业革命以来，以工业产品为中心的物（hard）的设计开始盛行，然而 20 世纪后半叶开始，随着系统工程的出现，设计对象变成了由"物"所形成的系统。与此同时，以计算机为

代表的信息科技的兴起对设计产生了重要影响。

依托系统工程和计算机科学，融合"物"的"硬"系统和"信息技术"的"软"系统开始成为设计师不得不考虑的、设计学科的重要研究课题，设计方法从各自独立的物理模型和心智模型的研究，转向"物""心"结合的方法模型的构建。于是，寻求最适、最优设计，重新定义设计和设计对象的环境成为设计研究的重点。

3. 趋势三："最优性"和"创发性"融合的设计方法

一般而言，设计方法按大类一般可以分为最优设计（optimum design）和创发设计（emergent design）两种类型。现有设计研究多采用从系统工程派生而来的工学方法，是一种寻求最优解的方法。其基本思路，是将设计对象进行整体分解，产生多个变量，然后，建立设计目标和设计对象之间的函数关系，考虑各种影响因素和约束条件，最终得出设计解，即最优的问题解决方案。这种由整体决定部分的方法是一种自上而下（top-down）的设计方法。该方法的缺点在于，设计时先有整体，再设计局部，这导致很多时候无法产生颠覆式创新。

与最优设计方法相反，创发设计则是一种由部分到整体、自下而上（bottom-up）的设计思维模式。创发设计主张，在设计上游的战略阶段采用自下而上的创发式方法，到了设计下游的具体设计阶段，则利用最优设计自上而下的思维模式，这样就可以兼顾设计方案的最优性和创发性。最优性和创发性相融合是解决未来社会复杂、"棘手"问题的有效方法。

传统的产品设计是先设计再使用，产品生命周期中设计和使用是分离的两个不同阶段，产品一旦设计制造完成就无法改变，只能走向随着使用被逐步淘汰的命运，因此，从某种意义上讲，传统设计是一种静态设计。

松冈由幸提出了时间轴设计概念[8]，主张作为设计对象的服务产品应该能够做到，在服务产品的生命周期中随时间演变，产品自身可以不断进行自我调整，以不断适应变化中的环境，最终满足消费者不断变化的需求。因此，时间轴设计强调设计的过程性，是一种动态设计。理想的情况是，被设计的服务产品能够像生命体那样，自身能够随时间演化而不断进行变化调整，这本质上是产品智能的体现。

引入时间变量动态开发产品设计的理论与方法，最终通过创造感性价值实现"物""心"融合和产品价值增长是时间轴设计的目标，这也是未来产品设计师不得不关注的课题。

6.2 技术创新与科技设计

IBM 技术专家认为，技术创新的本质是为人类生存深化和欲望探索方面提供服务。科技创新对社会的价值已经越来越大，甚至很多社会的大趋势都是由科技塑造的。例如，汉森机器人（Hanson Robotics）科技公司 CEO、著名机器人专家戴维·汉森（David Hanson）设计的美女机器人"Sophia"就是一件高科技产品，不但能够读懂人类的情绪，还能够与人类进行情感互动，"Sophia"的智能程度达到了很高的地步，甚至已经获得了沙特国家的公民身份。

显而易见，将科技作用于社会，推动社会进步、造福人类是技术创新塑造社会趋势、创造价值的具体体现。科技创新只有实现落地，推动产业化才能够产生价值。而设计创新则躲不开科技的影响。目前影响设计创新的五大因素分别是大数据、人工智能、云计算、物联网、移动互联网，简称"大、智、云、物、移"。

2016 年被称为物联网元年。Forrester 分析师米歇尔·佩里诺认为，物联网几乎影响着所有行业，包括医疗、零售等，我们必须通过设计解决"各自为政"的互联设备、传感器和基础设施所带来的日益加剧的安全风险。

以前的互联网公司专注于软件的开发，而移动互联网的核心则是人与人的连接。人与人之间通过各种软件、硬件及服务的整合进行联系。各种智能软、硬件设备之间则通过物联网进行连接，而设备之间的连接则是 5G 要解决的问题。现实是现在的智能设备并没有真正地连起来，这是未来通过设计创新进行产品和服务开发要考虑的问题。

由百度百科可知，人工智能是研究和开发用于模拟、延伸和扩展人工智能的理论、方法、技术以及应用系统的一门新的技术科学，是利用计算机模拟人类思维和实践行为的技术集合。计算机科学理论奠基人图灵曾说，如果一台机器通过电传设备能够与人展开对话，并且会被误以为它也是人，那么这台机器就具有智能。

1956 年夏，在美国达特茅斯学院召开会议讨论人工智能，达特茅斯会议标志着人工智能学科的诞生。出席此次会议的有"人工智能之父"麦卡锡（J.McCarthy）、图灵奖获得者明斯基（M. Minsky）、西蒙（H.A.Simon）、纽厄尔（A.Newell）等学者。

百度总裁李彦宏认为，算法、算力和大数据是推动人工智能发展的三大动力。[4] 清华大学顾学雍教授曾形象地将人工智能比喻为未来的电源，那么计算芯片就是人工智能的火箭，大数据则是人工智能的燃料。普遍认为人工智能将是新一轮产业变革的核心驱动力和经济发展的强大引擎，在未来相当长时间里，将成为资本市场上追逐的热点。

"AlphaGo"事件加速将人工智能带入普通民众视野，成为大众了解和谈论人工智能的切入口。国际上各国政府和企业纷纷布局人工智能领域，如德国 2013 年提出的工业 4.0 计划中就包括人工智能战略。2016 年，美国政府出台人工智能规划，完善人工智能顶层设计。2017 年，人工智能写入我国政府工作报告和党的十九大报告。

实际上，人工智能如果要想和人更好地交流，就需要在具体设计中增加人与机器之间的感情互动。据报道，一个真实的故事：一位行人在马路边的人行道上行走，忽然一辆汽车从身边飞驰而过，行人被吓了一跳，后来才知道这是一辆进行路测的无人驾驶汽车。按理说，无人驾驶汽车装备有激光雷达、先进的 GPS 定位装置以及各种辅助保护行人安全的技术设备，所以它应该能够作出正确的判断，且保证安全撞不到行人，这是高科技的优势。但由于它对人类的理解力不够，尽管没有撞到行人，却吓到了行人。

海银资本合伙创始人王煜全则认为，真正优良设计的高科技机器产品不但要做到不会伤害人类，而且还要能够理解人，具有与人的共情能力，跟人类形成更完美的配合，这种能力被称为"机器的人类智商"。因此，人工智能的发展既要让机器拥有人类智商，也同时告诉人类需要掌握机器智商，知道了机器的思维方式，学会驾驭机器，才能做到让机器真正服务人类。另一方面，人工智能即使能赶上人类，它也并不等于人类思维的全部：人不仅具有智能，还有意志、欲望、品味、感情、理想等一系列禀赋和动力，而情绪是人工智能的最高境界。

　　谈到人工智能的应用，李开复认为，AI 在产业界的应用大致经历了互联网智能化、商业智能化、实体世界智能化和全自动智能化四个阶段的发展浪潮。[9] 1998 年，以谷歌（Google）、网易和亚马逊（Amazon）、百度等互联网公司为代表，全世界掀起了蓬勃的互联网发展热潮。随着互联网技术的持续发展，2004 年开始，Palantir、4Paradigm、ElementAI 等公司开启了商业领域的智能化发展探索。2011 年，AmazonECHO、AmazonGo、小鱼在家等企业开始关注实体世界的智能化发展。2015 年开始，特斯拉、MOMENTA、滴滴出行、UISEE 等公司的蓬勃发展标志着 AI 技术已经开始进入全自动智能化阶段。

　　在人工智能逐渐商用普及的时代背景下，与传统的工业设计相比，产品与体验设计无论是设计基础，还是设计对象、设计方式，都发生了很大的变化。创新工场吴卓浩认为，在 AI 主导时代，传统的设计基础虽然依然有效，但需要设计从业者对快速发展的技术保持高度敏锐，设计师思考问题的方式表现为 AI 的思维方式。人机智能的深度协同是人工智能时代设计的主要方式 [10]，计算技术、脑科学技术的发展决定着这个协同的深入程度，有助于机器能更好地理解设计师的目标。

　　至于设计对象，一切设计需要从商业设计开始，用设计的手段，不断收集、利用来自各方面的大数据，持续地、更多关注人性化的多通道、自然人机交互设计。表现在设计方式方面，AI

时代的产品与用户体验设计更多地体现为商业系统设计、服务设计、交互设计、工业设计等多样化方式，这些设计无一例外地需要重视收集、利用和反馈来自用户、环境、市场等方面的大数据，重新构建与研发的协作方式。

在互联网时代，作为设计服务的对象，消费者受技术的影响很大。互联网特别是移动互联网正在改变着我们消费者生活的基础结构，基于移动互联网的智能手机、智能可穿戴设备，帮助消费者实现了沟通上的"瞬间无缝连接"[11]，这种情景下的消费者不再以个体形式存在，而是以"同好聚合"的"群组"形式存在，这时的消费者会产生碎片化的需求，消费者在通过互联网形成的虚拟空间中，形成了一种新的社会力量，消费者主导的市场消费模式逐渐形成。

从互联网智能化、商业智能化、实体世界智能化到全自动智能化四个阶段的 AI 发展浪潮，要求产品设计在企业和社会发展中发挥重要影响力，科技设计成为当今时代设计发展的新特征。设计师需要从技术、商业和设计多层面协同创新的方式，肩负更多的社会责任和可持续发展的重任。

6.3　智能交互与体验设计

如今，设计研究正呈现出多样化的发展态势。用户体验

（UX：User Experience）就是目前设计研究和设计实践领域的一个新兴话题。受时代发展和技术变革影响，用户体验研究的重心正逐渐从以产品和用户需求为中心的设计（product-and user needs-centric），向更加强调系统整体的为服务而设计（D4S：design for service）的方向过渡。而新兴的数字化技术也推动着服务设计社区的数字服务转向。

尽管用户体验设计和服务设计有着众多相似的基础，比如都追求以人和体验为中心，但是学者图利·马特尔马基（Tuuli Mattelmäki）认为两者之间是不同的领域。[12] 用户体验设计和服务设计在起源、目标、方法、发布的场合方面都有不同。图利·马特尔马基（Tuuli Mattelmäki）认为用户体验设计源于人机交互（HCI：Human Computer nteraction），聚焦产品和交互设计；服务设计则源于市场营销和运营，聚焦服务业务，强调在服务接触中创造价值。用户体验设计从用户需求开始；服务设计则针对服务用户、服务提供商及其利益相关者。服务设计师常使用消费者（consumer）而不是用户（user）来表达服务设计的服务对象，这体现了服务设计以商业效益为目标的发展导向。

在产品开发领域，关于交互设计的理解，不同学者有不同的观点。不过，学者普遍认为，交互设计基本上涵盖了如下几个方面：作为造型的交互设计、作为界面的交互设计、作为认知处理过程的交互设计、作为体验的交互设计，以及作为关系构建的交互设计等五种类型。

造型的交互设计主要关注产品等有形的人造物的质量、造型带来的表达和形态语义、符号学内涵等内容，重点在于将产品不可见的部分进行具体可视化。作为界面的交互设计主要涉及与人接触的机器图形用户界面的具体设计，中心是围绕产品的物理方面的材料进行研究。作为认知处理过程的交互设计则关注设计的可用性，侧重于从人类认知紧密相连的现象层面进行可行性研究。作为体验的交互设计则关注人的情感、感觉和意义，侧重于从人类体验相关的现象层面进行研究。作为关系构建的交互设计则关注人的个性和创造力开发，侧重于研究用户和产品之间的互惠共生关系进化，有学者认为该类型体现为智能交互的美学属性，或许这才是交互设计最重要也是最复杂的研究主题。

从这些分类不难发现，作为造型的交互设计和作为界面的交互设计主要是物理层面"物"的视角的交互研究，作为认知处理过程的交互设计、作为体验的交互设计则是从作为设计服务终端用户"人"的视角的研究，并且关注点从人的认知处理过程特性到体验的挖掘与开发研究。而作为关系构建的交互设计则综合人、产品和环境进行系统层面的关系构建，重点仍然离不开用户这一"人"的核心。因此，加强情绪和情感的研究，是智能交互和体验设计未来前进的方向。

6.4　文化创新与新"社计"

人工智能时代，设计的过程更注重文化的探究、策略，激发正向的情感、审美，涉及的内容越来越综合和多元。[10] 新技术的出现推动着社会的持续变革，社会创新成为当下设计创新领域的有价值话题。

社会创新就是满足社会目标的新思路[13]，是一个变革的过程。社会学家顾远认为[14]："社会创新，简言之，是指为现存的社会问题寻找创新性的解决方案"。是不是创新，有多大创新，不在于该解决方案是否够"新"够"奇"，而是看该方案与原有的方案相比，是否用更少的投入获得了更大的社会效益。香港中文大学中国文化研究所及物理系陈先正教授断言：22 世纪上半叶将有可能出现一个高度融合的世界，它将可能具有以下特征。首先，人口将大幅度减少，也许回到 40 亿左右；其次，大部分工作转为由智能机器人在少数监管人员控制下承担，专业人员全面依赖智能网络，因此人数同样大幅度减少；一般民众则在公共固定收入的保障下过着安稳愉快的生活，大量时间用于休闲、娱乐、旅游、兴趣学习和进修，工作轻松愉快，但报酬未必丰厚，因为绝大部分人无法与智能机器人的效率和能力竞争。[15] 展望未来全新的人类社会，设计将何去何从，通往何方依然是一个值得设计师期待和不懈追求的论题。

6.4.1　文化塑造设计

我们常说，设计是针对各种社会制约因素而提供最优问题解决方案的一种行为活动。设计不可能独立出现，它一定跟民族和文化联系在一起。艺术家艾未未认为设计是一个人的眼神，这个眼神里透露着文化的态度。所以说设计是文化的载体，而文化不可能是大一统的。人类学家李亦园将文化界定为物质文化、社群或伦理文化，以及精神文化三个层次。其中物质文化是人类为了要生存下去所创造发明的东西；社群或伦理文化是为了解决与人相处的问题；精神文化则是为了安慰、平定和弥补自己感情、感觉所需要而产生的。[16]

文化是人类最珍贵的财富，每个人都拥有这一天赋。在设计中提高设计师个人的文化修养需要换位思考，从消费者的立场，站在产品的角度去重新审视消费者与产品之间的关系，思考消费者购买产品的原因，思考消费者的价值观、规范性、信仰和内心渴望，进而寻找满足这些需求相对应的设计方法，这种文化修养是通过常年的社会探索和实践才能获得，也与设计师个人的民族文化及所服务企业的背景文化有密切关系。

设计是一种文化，设计师应该拥有自己的世界观[17]，这对创新开发过程很重要。设计不是艺术，而是物质文化的延伸，并超越了单纯的消费文化。德国设计评论家米歇尔·埃尔霍夫

(Michael Erlhoff) 对于"设计教育对于创新文化的影响"深表乐观，认为强调工匠精神与透过整合各学科领域的创作实践中学习，是培育创造力的重要教育模式。[18]

经济全球化的发展，已经演变成一场文化危机。文化趋同逐渐冲击着本土化的独特性，破坏了地方传统的社会结构与文化认同。这种危机感激发了本土意识的觉醒，对设计学而言，本土文化发展塑造着未来设计，这将成为重要的研究课题。

6.4.2 设计师的责任

相应地，21 世纪设计创新对设计师的能力也提出了更高的要求，设计师不仅需要具备高的智商（IQ），要不断做出满足消费者或用户各种需求的产品或服务，还必须具备很高的情商（EQ），高的情商能够帮助设计师站在消费者的立场，将心比心，与顾客产生共情，理解消费者内心的真实、潜在需求，做出真正用户友好的创新设计，情商也代表一种超强的沟通与表达能力，对设计师而言，这是必备的重要能力之一（图 6.5）。

当然，设计师还必须具备一定的逆商（AQ），能够在甲方（客户）不断质疑或者否定设计方案的时候，具有较强的抗压、抗打击、抗挫折能力，以便能够与甲方实时沟通，共同创造，推动设计方案的顺利推进和落地。设计师同时还必须不断了解、学习新技术、新知识，培养跨学科的能力和视野，所有这些共同构成了复合型、综合化的问题解决能力，这种能力融合了智商、情商、逆商，我们称之为"创商（CQ）"。从 IQ、EQ、AQ 到 CQ，表明设计需要源源不断的创造（创新）能力，这是新时代设计对设计师各种素质及能力方面的综合要求（图 6.6）。

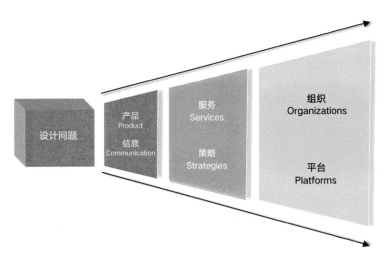

图 6.5　21 世纪的设计师被要求解决更广泛领域的问题

图 6.6　新时代的设计对设计师各种综合素质及能力方面的要求

6.4.3　创新是对人性的探索

作为一名伟大的设计师，乔布斯曾用一面"魔镜"，通过每天端详自己，反复追问自己需要什么，以便找到消费者真正的需求，这个"魔镜"代表着一种新的设计理念和企业高管超高的个人文化修养。可以毫不夸张地说，现今的企业即便不去研究消费者，不去理会大众市场，也能深刻理解目标消费者内心潜在的期望和真正的需求。唯一的途径就是深刻挖掘产品的内在含义，让产品讲述产品与消费者之间形成紧密互动关系的独特故事，从产品的角度重新审视思考人类在历史文化发展长河中到底需要什么，这种设计模式与设计创新本质上也正是对人性的终极探索。

如今我们身处于所谓"颠覆式创新"的时代，人类被诸多大规模科技进步及其应用推动着向前发展，一批批融合了科技与人性之美的工业产品不断涌现，丰富了我们生活的同时，也在人类的历史长河中留下了深深的足迹。凯洛格（KeyLogic）公司总裁王玥认为，要实现颠覆式创新，成为划时代伟大产品的创造者，对于设计师而言，必须跨越日臻精细的学科划分的约束，透过对细节的关注，洞悉事物的本质，借助对人的心理和行为的研究实现对人性的终极探索。唯有如此，才可以创造真正颠覆性的产品，实现真正颠覆性的创新。

最近，国际创新管理权威专家、意大利米兰理工大学教授罗伯托·维甘蒂（Roberto Verganti）继提出渐进式创新和颠覆式创新之后，又提出了第三种创新模式——设计驱动式创新。[19]"设计驱动式创新"的本质是对产品内在意义的创新，这样命名的原因是，设计（design）词源学上的含义是"赋予事物意义"，因此，这种创新模式就是对产品内在意义的研发过程。

6.4.4 走向新"社计"

在过去的十年中，社会设计成为设计研究的新的增长点。社会设计研究的兴趣激增有很多种可能性，其中一些甚至在设计之外。例如，欧洲国家在高福利方面的退出为半公共活动创造了市场和机会，尤其是在医疗保健和老年人护理方面。2008 年的金融危机促使设计师更多地从公共部门和非政府组织中寻求客户。这都推动着社会设计的一步步崛起。[20]

设计师需要解决更广泛的政治和社会问题，在当代文化重塑中发挥出重要的设计力量，因而设计师可被重新定义为"社会代理人"。[21] 面对当前的技术革命，例如开放代码设计或 3D 打印技术，以及经济和社会伦理方面的挑战，设计师作为社会文化代理人，将对社会产生更大的影响，对设计师的要求也变得更高。

近年来，社会设计成为国内外设计学界关注的热门领域。社会设计也是一种"社计"，借助设计领域的手段，致力于履行社会责任感、关注弱势群体权益、推动社会凝聚力，最终实现社会领域的创新，解决社会中存在的"棘手"问题。社会设计的起源与工业革命之后生态环境保护意识的兴起相关。[22] 帕帕奈克、怀特利和马格林为社会设计研究的奠基者。社会设计的服务对象和实践方式在不断拓展中与其他学科不断产生交叉。[23]

社会设计可以简单地定义为"具备社会责任感的设计"，包括为性别平等、社会公正、残障及其他弱势群体权益改善而做的设计 [24]，是设计师自身技艺介入社会议题的过程。英国最近的一份研究报告将社会设计划分为三类：社会企业家精神，社会责任设计，以及设计行动主义。[25]

在西方古典哲学中，亚里士多德将人的活动划分为理论、制作与实践三种不同的形式，分别对应的是形而上学、技术与政治伦理活动，他强调制作不同于实践 [26]，制作处理的是人与自然的关系，而实践处理的是人与人的关系。而学者钟芳认为，社会设计的本质要素是实践性，必然路径是从制作走向实践。[27]

社会设计在当下普遍被视为一种"工作方法"，核心关注点在于良性社会关系网络的构建。社会设计的工具包并不固定，包括信息传达、服务设计、产品设计、空间设计在内的常用设计方

法均可成为社会设计的操作手段，核心在于通过社会关系的改变
撬动经济、文化、空间等领域的变革，并依托其他领域的改善实
现社会关系的改良。[28]

邦西佩（Bonsiepe）鼓励设计师在自己的设计活动中关注被
排斥的、受歧视的和经济上不太受青睐的群体，支持有助于民主
的设计解决方案。[29] 社会责任是服务设计的核心，所有的设计
都应对社会负责[30]，现实中，设计所面临的问题不在于是否关
注旨在对社会负责的结果，而是设计的优先级经常受到设计过
程中其他考虑因素的影响。设计师不应该将设计仅仅停留在图
形、服务和系统的构建上，而是应将设计视为人们行动、实现愿
望和满足需求的手段。[31] 因此，设计师需要更好地了解人、社
会和生态系统。社会设计和服务设计有很多重叠之处，服务设计
侧重于将设计应用于系统和流程，而社会设计的材料通常是社会
状况。

传统的设计是纯粹的市场导向，而社会设计则是社会问题导
向。社会创新关注的是过程，而社会设计更关注创新的形式和实
际成效。社会设计是对既有社会关系的再设计[32]，是为 90% 的人
做设计，帮助他们谋求公共利益与公共福祉，而非 5% 的社会金
字塔尖人群的需求。

知乎网络平台上对社会设计有过讨论，认为社会设计不仅仅

是设计，它往往是设计一种机制、一类生态环境，需要不断根据社会各阶层的各方面需求通过设计进行调节。社会设计不仅仅是一种设计方法，更应当是一种视野，在立足专业的功能与个性的基础上，还应聚焦人与人、人与社会关系的思考。

从事创新工作的设计从业者们需要实现从设计师到"社计师"的社会身份的转变，这是新时代对设计师角色的新要求，这为高等教育对设计专业人才培养提供了新的方向和思路。

6.5 为服务而设计（Design for Service）

2019 年，在达沃斯世界经济论坛上，日本首相安倍晋三抛出了"5.0 社会"的概念[33]，其英文表述为"Society 5.0"。"5.0社会"被定义为能够细分掌握社会的种种需求，将必要的物品和服务在必要的时间，以必要的程度提供给需要的人，让所有人都能享受到优质服务，超越年龄、性别、地区、语言差异，快乐舒适生活的社会。"5.0 社会"的典型特征是借助于物联网、大数据和人工智能等技术实现假想空间与现实空间的高度融合。数据取代资本连接并驱动万物，有助于缩小贫富差距（图 6.7）。

在日本，政府直接将"5.0 社会"命名为超智能社会，并指出未来的"5.0 社会"将由六大领域的超智能化系统组成，这六大领域的系统包括：

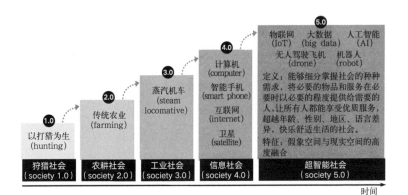

图 6.7　人类社会从狩猎社会、农耕社会、工业社会、信息社会到
超智能社会的五个发展阶段

1. 无人机送货的物流系统

可以实现偏远、交通不便地区居民的快速物流送货，解决日本日渐严峻的少子老龄化所导致的偏僻地区孤寡老人被社会抛弃的社会难题。

2. AI 家电的普及

真正实现智能的居家生活。

3. 智能医疗与介护

借助 5G 高速互联网和人工智能系统，帮助家庭成员相互了解各自及彼此的健康状况，推广主动医疗，实现疾病的远距离诊断和病症监护。

4. 智能化经营

电子支付将会成为社会支付的主流，借助大数据实现精准营销和智能化企业业务经营。

5. 智能化、自动化产业，尤其是智能农业的快速发展

6. 全自动驾驶

真正实现零交通事故，打造共享汽车社会，超智能物流将更加发达。

为实现"5.0 社会"，日本产业技术综合研究所提出了亟待攻克的 6 大关键技术：（1）能够在 CPS 系统中进行知觉控制的人类智能扩展技术；（2）创新的人工智能技术和人工智能应用系统；（3）人工智能应用的自动化安全技术；（4）信息输入和输出设备以及高效网络技术；（5）支持大规模定制的新一代智能制造系统技术；（6）面向智能产品制造的崭新的计测技术。[34]

以高新科技为载体、以万物互联为特征的日本"5.0 社会"，为人们提供了人与科技、人与机器和谐相处的未来蓝图。当前，在我国城市智慧化、智能化发展的时代洪流中，如何利用好科技，通过设计创新满足人民群众对美好生活的向往需要，满足社会福祉提升的需要，以及实现人类社会和生态环境可持续发展的需要，是包括设计师、"社计师"在内的全体人类不得不认真考虑的共同话题，构建人类命运共同体，是每一个人的责任。

正如卡内基梅隆大学皮特·司库佩里（Peter Scupelli）教授所言，"未来已来"时代，设计师应该更多地关注自己所探索的问题，而不只是设计本身。面对各种新出现并需亟待解决的问题，

设计师需要新的思考和行动，并通过寻求跨学科的合作来完成。

当然，科技在设计创新中将会发挥越来越重要的作用，科技赋能设计，设计驱动创新，会成为未来相当长一段时间内设计创新的主要话题。然而，也不应该过高突出科技的作用，正如中国工程院徐志磊院士所言，单靠知识和技术，不能使人类走上幸福和高尚的生活，人类有充分理由要保持自己的尊严，要维持生存的安全、道德的价值及生活的乐趣，这是人类的天性，科学无法提供。而文化将会是弥补这一不足的重要手段。

当今中国，普遍的现象是，人人都在谈生态环保，谈自然的可持续发展，却忽视了一个最应该关注的问题：我们生存的社会以及每个自然人个体的可持续发展，尤其是那些作为精英的个人的可持续发展问题。我赞同学者这样的观点，一个社会或一个个人是否达到可持续发展，其重要标志是，我们每个人是否拥有一个海纳百川、时刻准备与异质事物对话的开放心理和心态，这是后现代主义强调人本理性的典型要义，以及"以人为中心"的设计内涵的新理解。

未来设计不论发展到什么程度，借用柳冠中教授的话，当前世界领域的服务设计基本仍局限于为逐利的工具、技术层面的探讨，服务设计诠释了设计的最根本宗旨是"创造人类社会健康、合理、共享、公平的生存方式"，为服务而设计聚焦了设计的根本目的，不是为了满足人类占有物质、资源的欲望，而是服务于人类使用物品、解决生存、发展的潜在需求。这正是人类文明从"以人为本"迈向"以生态为本"价值观的变革，因此，分享型的为服务而设计开启了人类可持续发展的希望之门。[35]

参考文献

[1] Müller, VC., Bostrom, N. Future Progress in Artificial Intelligence: A Survey of Expert Opinion//Müller V C.Fundamental Issues of Artificial Intelligence. Springer, 2016: 555−572.

[2] 杨秋波. 奋力推进高等教育变革，加快培养创新创业人才. 天津：教育部高教司，2019. 01.

[3] （德）克劳斯·施瓦布著. 第四次工业革命［M］. 北京：中信出版社，2016.

[4] 李彦宏. 人工智能堪比工业革命. 第四届世界互联网大会－人工智能分论坛，乌镇，2017.

[5] 罗仕鉴，林欢，边泽. 产品仿生设计［M］. 北京：中国建筑工业出版社，2020.

[6] 松冈由幸. もうひとつのデザイン：その方法論を生命に学ぶ［M］. 東京：共立出版株式会社，2008.

[7] 松冈由幸. 设计科学：未来创造的六个视点［M］. 东京：丸善株式会社，2008，19−23.

[8] 松冈由幸. 日本デザイン学会第 56 回研究発表大会オガナイズドセッション（D）：タイムアクシス·デザインの代，名古屋，2009.

[9] 李开复. AI+ 时代的到来：我为什么认为 AI+ 有四个阶段？2019 世界人工智能大会主论坛演讲，上海.

[10] 吴琼. 人工智能时代的创新设计思维［J］. 装饰，2019，319（11）：18−21.

[11] （美）Srephen, P. Anderson 著，侯景艳，胡冠琦，徐磊 译. 怦然心动——情感和交互设计指南［M］. 北京：人民邮电出版社，2012.

[12] Zimmerman, J., Tomasic, A., Garrod, C., Yoo, D., Hiruncharoenvate, C., Aziz, R. & Steinfeld, A. Field trial of tiramisu: crowd−sourcing bus arrival times to spur co−design[C]. In Proceedings of the SIGCHI Conference on Human Factors in Computing Systems, ACM, 2011, 1677−1686.

[13] 埃齐奥·曼齐尼 文，辛向阳，孙志祥 译. 创事：社会创新与设计

［J］. 创意与设计，2017，50：4-8.

[14] 顾远. 社会创新：一场已经发生的未来 (地铁大学). 中信出版社，
2014.

[15] 陈先正. 所过者化，所存者神：论人工智能与未来世界［J］. 科学，
2017，5.

[16] 周星，王铭铭主编. 社会文化人类学讲演集 (上)［M］. 天津：天
津人民出版社，1996：53-54.

[17] MManzini, E. Introduction to Design for Services. A New Discipline.
In A.Meroni, & D. Sangiorgi (Eds.), Design for Services. London, UK:
Grower, 2011.

[18] Michael Erlhoff 著，王鸿祥译. 思索当前的设计与设计教育：七个
可能方向［M］. 台北：实践大学，2001.

[19] (意) 罗伯托·维甘提 著，戴莎 译. 第三种创新：设计驱动式创新
如何缔造新的竞争法则［M］. 北京：中国人民大学出版社，2014.

[20] Chen, DS., Cheng, LL., Hummels, CCM. & Koskinen, I. Social design:
an introduction[J]. International Journal of Design, 2016, 10(1): 1-5.

[21] Ventura, Jonathan & Bichard, Jo-Anne. Design anthropology or
anthropological design? Towards Social Design[J]. International Journal
of Design Creativity and Innovation, 2017, 5, 3(4): 222-234.

[22] 安丛，李洪海. 设计的价值、范式及知识：社会设计语境下的设计
生态转向［J］. 工业工程设计，2021，3(6)：23-28.

[23] 何宇飞，李侨明，陈安娜，宋协伟. "软硬兼顾"：社会工作与社会
设计学科交叉融合的可能与路径［J］. 装饰，2022，3：24-27.

[24] 钟芳，刘新. 为人民、与人民、由人民的设计：社会创新设计的路
径、挑战与机遇［J］. 装饰，2018，5：40-45.

[25] Armstrong, L., Bailey, J., Julier, G., Kimbell, L. Social design futures.
2014. Retrieved August 7, 2015.

[26] (古希腊) 亚里士多德. 尼各马可伦理学［M］. 廖申白译注，北京：
商务印书馆，2017：186.

[27] 钟芳，刘新，梁茹茹. 从制作走向实践——从适老化改造设计看社

会设计的实践内涵［J］. 装饰，2022，347（3）：44-49.

[28] 唐燕，叶珩羽. 再探以人为本：城市规划视角下的社会设计［J］. 装饰，2022，347（3）：28-32.

[29] Bonsiepe, G. Design and democracy[J]. Design Issues, 2006, 22(2): 27-34.

[30] Young, RA. Refocusing the practice of service design in socially responsible contexts.In S.Miettinen, & A.Valtonen (Eds.), Service design with theory. Discussions on change, value and Methods[M]. Rovaniemi, Finland: Lapland University Press, 2012: 81-92.

[31] Frascara, J. People-centered design: complexities and uncertainties. In J. Frascara (Ed.), Design and the social sciences: Making connections[M]. New York: Taylor and Francis, 2002: 33-39.

[32] 韩涛. 金字塔、马拉松与群岛：三种社会设计模式分析［J］. 装饰，2022，3：12-20.

[33] 丁曼. "社会5.0"——日本超智慧社会的实现路径. 国关国政外教学人：日本研究，2018.

[34] 亚洲通讯社社长，徐静波. 日本正在构建的"5.0社会"，静说日本，2019.1.26.

[35] 柳冠中. 服务设计宣言，收录于，触点：服务设计的全球语境［M］，王国胜主编，（德）Birgit Mager 荣誉主编，北京：中国工信出版集团＆人民邮电出版社，2016：121-123.

英文词汇索引

A

▌后记

2007年10月3日，当坐上从北京飞往成田机场的航班的时候，我知道人生的新阶段开始了。通过中日政府交换留学生项目——"日本文部省博士生奖学金项目"的资助，我来到了日本国立千叶大学，师从时任日本设计学会会长的青木弘行教授攻读设计学博士学位。

赴日之前我雄心勃勃的研究计划是产品设计中的用户体验，但计划赶不上变化。青木教授牵头刚刚获批了文部省的一项科研基金——《高等设计教育计划：以服务&产品设计作为核心竞争力的人才育成研究》项目，这是日本首个聚焦服务设计的国家课题。为此，千叶大学专门成立了跨方向的"服务产品设计研究室"（SPD），由青木教授和渡边诚教授共同担纲，协同推进。机缘巧合，青木老师邀请我进了SPD课题组，从此开启了服务与产品设计方向的研究。

提起服务设计，千叶大学的许多教授连连摇头，不知道服务设计是什么，可见在当时的日本服务设计还是新鲜事物。但是，既然加入进来，也就没有退路，只好硬着头皮钻研下去。经过三年的不懈努力，完整地参与了项目，终于拿到了博士学位，我也成为千叶大学服务产品设计方向的第一位博士。

青木老师满头白发，和蔼可亲，给我留下了深刻的印象，他不仅学识渊博，而且治学严谨，是一位真正的大学者、大先生，这深深地影响了我后续在科研教学中的治学、育人风格。据说因为青木老师对学生要求严格，研究的又是设计学中最难的"材料"，因此，留学生都不敢报考，研究室也多年未招过来自中国的留学生，我算是"破例"，只是研究室没有会说中文的人可以求助，甚是遗憾。后来，我博士毕业不久，青木老师也光荣退休，我成了老先生博士生中"不务正业"的关门弟子。

本书梳理、汇总了近年来我在服务与产品设计领域的研究成果，部分成果已经以学术论文的形式见诸期刊。本书的确还有很多缺点和不足，只是起到抛砖引玉的作用。不足之处，真诚希望专家学者批评指正。

在本书成文的过程中，彭玉洁参与了服务蓝图、PPR模型构建的研究，李锦、蒋佳慧参与了设计思维的研究，杨帆负责全书的版式设计，余胡艳负责封面设计，感谢她们为这本书的最终出版所作出的巨大贡献，也感谢所有参考文献的作者所贡献的智慧。

感谢中国建筑工业出版社的辛勤劳动，才使得本书能够与大家见面，在此表示衷心的感谢。

谨以此书感谢人生路上所有传授我学问、给予我榜样、富有人格魅力的老师、学者和大先生们。

视为后记，念之于心，自勉！

2022 年 9 月于东湖之滨、珞珈山下